JN064986

藤田サルベージ

日本の戦後復興・日豪親善に大貢献した
藤田柳吾氏と家族

松平みな 著

セルバ出版

The Fujita Salvage Company in Darwin

When I was working as a maritime archaeologist for the Northern Territory Government of Australia I learnt of the salvage of Darwin's wartime shipwrecks by the Fujita Salvage Company. Diving on these wrecks, I soon appreciated that much of their structure had been salvaged and taken away. Who had done this work and why? It was a surprise to learn that the salvage company was owned by a Japanese family, and that the salvage work commenced only 17 years after the Japanese air attack that sank these ships in the first place.

The first Japanese air raid on Darwin Harbour on 19 February 1942, was a major event in Australian wartime history. Over the course of the war there would be 64 air raids on the Northern Territory, none causing the same level of devastation as the first. If you were standing on Darwin's Esplanade in the years following the war, you would have seen a harbour littered with half sunken wrecks.

The Australian Government considered itself lucky to have secured the services of the Fujita Salvage Company. Mr Ryugo Fujita's salvage team arrived in Darwin Harbour on a flotilla of work boats in July 1959. The team consisted of 120 personnel ranging in ages from 16-65. They would be in Darwin for two years.

In 2010 Mr Senichiro Fujita, son of Mr Ryugo Fujita, visited Darwin and donated family records consisting of documents, film and photographs to the archives. He and I developed a lasting friendship. Mr Senichiro Fujita has spoken of the welcome he, his father and the salvage team received from the Darwin community, the strong friendships the Fujita family developed with many prominent families in Darwin, and the lasting connections between his family and Australia.

The Fujita salvage story is a story about reconciliation. It is a story of removing the scars of war from the sea, and developing new connections through respect, understanding and friendship. It was a very industrial process that also had great social and personal importance.

The story of the Fujita salvage is a significant epilogue to the wartime history of Darwin, and it is wonderful that Ms Mina Matsudaira has written this book so that the story can be shared with the Japanese people.

Dr David Steinberg
maritime archaeologist

藤田サルベージ　日本の戦後復興・日豪親善に大貢献した藤田柳吾氏と家族　目次

序章　世界各地から鉄を持ち帰った男

藤田サルベージの藤田柳吾氏の偉業とその家族

第二次世界大戦、とくに太平洋戦争後の、日本の復興に最も貢献した真の日本人、藤田サルベージの藤田柳吾氏とその家族の生涯を、日本人の誇りとして書き記し、できるだけ多くの日本人に知ってほしいと強く希望して、執筆に取り組むことにした。

筆者が、藤田海事工業株式会社（サルベージ・解撤業）の偉業を知ったのは、3年前に、取材で訪れたオーストラリア最北端の街、準州ノーザンテリトリーの州都ダーウィンでの驚きの発見であった。心が痺れるような興奮と感動を覚えた。

その際には、チャールズ・ダーウィン大学デビッド・ステインバーグ研究博士にもお会いできて、資料をいただき、お話を聞かせていただける幸運にも恵まれた。

昭和34年（1959年）6月から、おおよそ2年6か月の間に、藤田柳吾氏率いるサルベージ会社のプロフェッショナルたちにより、ダーウィン湾に沈んでいる艦船が、次々と引き揚げられた。

オーストラリアには沈没船の引き揚げ技術がない

太平洋戦争の初期に、ハワイの真珠湾を昭和16年（1941年）12月8日に爆撃した日本海軍の次のターゲットは、連合軍の軍艦が集結しているダーウィン湾だった。

おおよそ2か月半後の昭和17年（1942年）2月19日に、ダーウィン湾に係留していた連合軍7艦船を爆撃して沈めた。

爆撃後から17年も経ち、オーストラリア政府は成すすべもなく放置していたのだが、湾内の航行にも困り果て、世界に呼び掛けて引き揚げ技術がある国や企業を探した。

その結果、ダーウィンに来てくれたのが、日の丸を掲げた青山丸に乗り組んだ日本人たち、藤田サルベージ社の120名だった。

戦時中の日本軍に沈められた艦船を、奇しくも沈めた国のサルベージ会社が来て引き揚げるという。長い年月放置されていた艦船を引き揚げる技術が、オーストラリアにはない。だから藤田サルベージが引き受けたのか！

7艦船の引き揚げ

120名のプロがやってきた。当時のことだから大型船となるだろう。

1000トンの「青山丸」と、「那智丸」、「広栄丸」、そして曳航してきた「吉林号」の4隻の船団だった。

日本は戦後の復興の真っ只中にあり、鉄を必要としていたが、焼け野原の日本に鉄はほとんど存在しないのだった。

その鉄を求めて、藤田サルベージがダーウィン湾にやってきた。

ダーウィン湾に沈んでいる7艦船は、

ブリティッシュ・モータリスト　6891トン
ネプチューナ　5952トン
ジーランディア　6683トン
メイグス　1万2568トン
マウナ・ロア　5436トン
ピアリー　1190トン

ケラト　　　　　　　　　　　　　　１８９４トン

この７艦船の引き揚げと同時に、そこで眠る兵士の遺骨も丁寧に供養された。

筆者は、この想像を超えた難事業に果敢に挑戦した藤田柳吾氏の偉業とその生涯、一緒に挑戦し続けたご家族について、藤田柳吾氏の次男・藤田銑一郎氏から見た物語を著すことにした。

取材を進めるうちに、筆者が生まれる前からの国家の復興の始まりは、その復興の際に使用された鉄は、すべて藤田サルベージ社によって、日本にもたらされたのだ。このことをダーウィンへの旅で知ったとき、それは身体が痺れるような感動となった。

筆者にとってもこの物語は、途轍もなく重いし厳しいがどんなことになろうとも完成させたい、世に贈り出したい。

松平　みな

令和４年（２０２２年）12月吉日

【藤田サルベージ社の役員たち。後列左から２人目が柳吾社長】

第1章

オーストラリア・ダーウィン湾へ 太平洋戦争中、日本軍が沈めた艦船の引き揚げ

藤田サルベージ船団

日章旗を掲げた船団が行く。何処へ向かうのか。

目指すはオーストラリアの北端の街、準州ノーザンテリトリーの州都ダーウィンである。

日章旗を夏の風にたなびかせて１２０名を乗せた青山丸を先頭に3隻、曳かれてゆく起重機船は真っすぐに進んで行く。

昭和34年（１９５９年）６月、船団は、広島県川尻港を出航した。

船団は南へと舵を進めて行く。それ以前は台湾、フィリピン・マニラやパラオ諸島で沈没船を引き揚げて、多くの鉄を日本へと運んだ。

もはや懐かしさを感じるほどだが、今回はオーストラリアへ向かって船団は進む。また度々襲ってくる突然の嵐などを避けて停泊しながら、オーストラリアへと少しずつ進んでいる。またマニラからは起重機船を鎖で曳航しながらダーウィン港へと向かった。

社長である藤田柳吾が指揮官だ。柳吾は絶大な信頼があるようで、皆落ち着いていた。小林一隆隊長をはじめ小林啓基さん、もちろん私（藤田柳吾の次男・藤田銑一郎）も乗り組んでいる。

作業員を含めて総勢120名が貨物船「青山丸」に乗り組み、酸素発生機械を積んだ「那智丸」、そして「広栄丸」の3隻と起重機船の「吉林号」を繋いで航行して行く。

目的は、ダーウィン湾に沈んでいる艦船の引き揚げ、つまりサルベージ業である。太平洋戦争時に、日本軍が爆撃して沈めたもので、沈没してから17年も経っている。

遂にオーストラリア総督より、何時までも戦時の遺物を晒しておくに忍びないので、日豪親善のためにも是非引き揚げて欲しいとの要望があり、父・柳吾は意を決して引き揚げ作業に踏み切る決断をしたようだ。

難事業を引き受けた父・柳吾の勇気と努力

この難事業を引き受けたのが、私の父が率いる「藤田海事工業株式会社」だった。柳吾の次男の私・銑一郎が乗り組んでいる。

私と小林君も、パラオ諸島での経験があるにはあるが、日本から遠く離れた異国の地での業務に心配もある。もちろん若さゆえのワクワク感もありながら、この事業が困難であることは承知している。

そして何より昭和17年（1942年）、ダーウィン湾爆撃後17年が経過しているものの、敵国であった国での作業であることも心配だった。

湾内に沈んでいる艦船を引き揚げるサルベージ業は難しく、父の勇気とたゆまない努力、それに加えて用意周到に準備した契約に従って、丁寧な仕事をすることで、結果的には2年余りの地道な仕事で、少しずつダーウィンの人々の心情まで変えさせてしまったようである。

私自身、若いときにこの難事業に携わったことで、家業を継いでゆく覚悟ができたと思っている。

ダーウィンの暑い日差しの中、那智丸の艫に設けた酸素発生機械で酸素をつくり続けなければならなかった。

サルベージという過酷な作業の中でも、極めつけのこの引き揚げ船の真夏の経験が、今では私の最高の誇りと宝になっていることは間違いない。

子どもの頃はとびっきりの負けず嫌いだった柳吾

藤田柳吾は明治30年（1897年）1月23日、愛媛県新居浜市阿島村にて、深尾茂とトヨとの男子として誕生した。

無念だったろう母トヨは、産後の肥立ちが悪く急逝してしまった。明治の時代には、しばしば産後に命を落とす女性も多かったのだろう、よく聞く話ではある。

子どもの誕生は祝い事の最たるもので、喜ばしいことであるが、子どもを産む母親にとっては命がけの場合もあるのだった。

トヨもやはり命を子どもに捧げるように逝ってしまった。

父は、お産の手伝いのために来ていたトヨの妹マツに引き取られて、育てられることになった。

幼子だった父は、藤田伊七の養子となり藤田柳吾となった。

母マツの躾はとても厳しく、柳吾の生涯を通して大きな影響を与えた。

柳吾は、子どもの頃からとびっきりの負けず嫌いでもあったから、喧嘩になったりすれば必ず大将になっていたという。

小学生になった頃から、同級生たちに、「将来何でもよいからとにかく日本一になりたい」と話していたそうだ。

小学校時代は元気でのびのびと学び、そして遊ぶ柳吾、想像するだけで楽しい気分になる。

【藤田サルベージ関連史料をすべてオーストラリアのノーザンテリトリー政府に寄贈する次男・銑一郎氏】

明治のこの時代では、子どもたちは皆のびのびと遊び学んだことだろうが、父もやはり自然豊かなこの大島で、海で泳ぎ、船に乗って島から島へと漕ぎ渡ったことだろう。こういった経験は、のちの柳吾のサルベージ業に影響したことは言うまでもない。

海事工業藤田組を設立

とにかく父・柳吾は元気に育ち、大正2年（1913年）3月、宮窪尋常高等小学校を卒業した。

当時、卒業したばかりの15歳の少年がつく仕事として、塩田の浜子、酒屋の蔵人、丁稚奉公などだった。父は臆することなくさまざまな仕事について学んでいった。

たぶん父は旺盛な学びを発揮したはずで、貪欲に仕事について学んだと想像できる。15・16歳の少年の頭脳は、柔軟に最もよく働くはずで仕事に限らず、社会で生きること、仕事のこと、仲間のことなどを日々体現したようだ。

大正7年（1918年）のこと、何故か父はシベリアへ出征した。今ではその経緯はわからないが、当時の国民の義務だったのかと思う。そのシベリアでは極寒の中での過酷な兵役で多くの兵隊が命を落としてしまったが、父は必死に生き延びて3年後に帰還した。

父はそのシベリアでの兵士として3年間を、一切口にすることはなかった。誰かに話すこともなかっただろう。もちろん私も聞いたことはなく、シベリアでの兵士としてのことは、その時代の社会と戦争についての書籍で知るのみだが、死を覚悟したたろうことは容易に想像できる。

帰還した父は、北九州若松市の近藤サルベージ社に入社した。

ここでも持ち前の集中力で仕事を覚え完全に理解していった。恐るべき吸収力であった。

2年後には近藤サルベージを辞職して、「海事工業藤田組」を設立してしまった。早業であった。

結婚、そして藤田サルベージの本社を大阪に移す

北九州若松市で上品な娘・佳子と知り合い結婚をした。

そして長男・宗平が生まれた。5年後に長女・房子が生まれた。更にその5年後に次男の私が、その2年後に次女・英子も生まれ賑やかで幸せな家族が誕生した。

大正15年（1926年）1月20日、海事工業藤田組の本社は大阪へ移転した。

近藤サルベージで、父の同僚だった越智郡菊間町出身の阿部伊七氏は、潜水業実務の恩

師となった。彼に学び身につけたものが、後に父がサルベージ業を興す重要な基礎となったのである。

独立して始めた事業は、順風満帆の航路とはならず、数多くの失敗を重ねながらも、生来の負けん気と根性に加え、研究心でいろいろと掘り下げていき、かかる困難も次々と克服していった。

柳吾社長の協力者たち

父の強運もあいまって協力してくれる人たちがたくさんいたのだ。

柳吾は、内に秘めた負けん気は強いが、表に出すことはなく、人当たりはとてもよくて人柄は温厚であった。仕事をする上での誠実さと、丁寧な作業はいうまでもない。人と接するときの信条は、協和、共栄だったと想像できる。

潜水業にかけては、阿部伊七氏に、宮窪村の草分け的存在の矢野菊市氏の支援も得ることができた。やはり故郷の宮窪村の人々との繋がりは有難く、さまざまにお世話になった。

また鹿児島の吉見鉄工所の特別の知遇を得たり、また世界一の潜水技術の保持者と目されている、岩手県出身の藤原氏の支援を得られたことなど、正に僥倖でしかない。

何故か父の周りには人が集まり、その人たちに助けられる幸運に恵まれた。

そのあとも事業を順調に伸ばすことができた。

後年、父は仕事に向かう信条として「自分が仕事をする上で、商売のコツは近藤さんから学び、経済は新居浜市多喜浜町、塩田経営者の天野さんから学んだ」と語っていた。

さて、ここから父・藤田柳吾の成し遂げた偉業の数々を語っていきたい。

サルベージ業の基幹船、青山丸の誕生

藤田柳吾は、「海事工業藤田組」を創設して、その代表者に就任した。戦後、瀬戸内海などの内海に沈んでいる艦船など、次々に引き揚げにかかった。

父は、瀬戸内海に沈んでいる1隻の船を買い、この大きな船を丁寧に引き揚げ、修理してサルベージ業の基幹の船とした。

このとき世界を股に掛けた藤田柳吾のサルベージ業の基幹船、1000トンの「青山丸」が誕生した。

この青山丸が日章旗を掲げて、世界で活躍する日が来ることを、誰も想像していない時期に、社長である柳吾の頭の中には既に絵になっていたのだろう。

【藤田サルベージ社の120名のプロたち】

瀬戸内海の沈没船の引き揚げから

瀬戸内海での仕事は、神戸港、若松港、門司港の沈没船を引き揚げ、処理を行い、船舶の航行に横たわる問題を次々に除いていった。船の航行の多い海域での作業は思ったより困難であったが、持ち前の知恵と勇気で作業を進めていった。

何と言っても柳吾の生まれ育った大島は、急潮流の来島海峡である。江戸時代の終焉までは、来島水軍が活躍したことでも知られている。

次には呉港、岩国港においては、軍艦「青葉」、「出雲」、「平戸」など大型の艦艇を引き揚げて処理していった。その他の小艦艇の引き揚げと解体作業を実施した。

この作業中に、艦内から多くの戦没者遺骨を丁寧に揚収して届け出た。

他のサルベージ業社との協力を図り、競争をしながら瀬戸内海の引き揚げ作業をほぼ終了させて、豊後水道から伊予灘、宇和海を経て外海へと作業を広げていった。

改めて太平洋戦争の残した物の大きさに胸がざわめくこともしばしばであった。

特に引き揚げた船からの遺骨を揚収するときの悲しさは、言葉にすることもできなかった。ただ全員が頭を垂れ祈った。

日本国中のあらゆる場所でもくもくと働き続け、次々に引き揚げていった。

この頃にはサルベージ業を営む業者は、次々と廃業していったが、藤田サルベージは、引き続き作業を続けることができた。

引き揚げた鉄は日本復興に寄与

引き揚げた鉄塊は、戦後の日本の復興に使用された必要不可欠な鉄で、どれだけあっても足りないといわれるほど高い需要があり、すべての企業が待っていた宝のような感じだったかと思う。

戦争に負けた日本国が海外から鉄を輸入することなど不可能であったことはいうまでもない。軍艦の外壁の鉄は、想像以上の厚みと上質の鉄でできていた。最高の資源となり得る貴重な鉄であった。

当時、酸素の需要が高く、日本酸素からこれ以上はボンベは出せないと言われたため、２０００本のボンベを買い取った。

パラオ諸島では、１０００本ずつに分けて空になったボンベ１０００本を仕分けした鉄とともに日本へ持ち帰り、大阪の日本酸素で酸素を充填して、又パラオへ向かうことが３

【藤田サルベージ社の母艦・青山丸 1000 トン】

【藤田サルベージ社の広栄丸】

【藤田サルベージ社の那智丸】

年もの間、続けられたのだ。

オーストラリア・ダーウィン湾へ作業に向かう途中でマニラなどで作業

オーストラリア・ダーウィン湾の引き揚げ作業へ向かう途中では、台湾火焼島（現在の台湾・緑島）沖にも仮泊しながら、おおよそ1週間でフィリピン・マニラに到着した。マニラで作業したあと、起重機船を鎖で曳航して出発した。

当時の沖縄は、未だ返還されておらず、アメリカ合衆国であった時代だ。実際に沖縄は、昭和47年（1972年）に日本へ返還された。令和4年（2022年）でちょうど返還後、半世紀になる。何だかあっという間のような気がするのは私だけであろうか。

沖縄から台湾とフィリピン、南太平洋諸国、この海域は更なる困難を経験したが、社長である柳吾の指揮のもと皆が一致団結して乗り越えた。

インドネシアのブル島の沖でまたもや強風に遭い港に避難したが、通信士が入港許可の発信を怠ったため、入港するや海軍の軍艦が沖に現れ、大砲を向けて停船を命令してきた。

3日間不法入港で止められた。銃を持った兵隊たちが乗り込んできて監視されることになった。監視の兵隊らはギターを持ち込んできて歌い始めたので、戸惑ったが、その歌は

【引き揚げ浮かせたブリティッシュ・モータリスト】

【モータリストの甲板に宿舎を建て、会議や食事をする。
階下は作業員の宿泊の部屋】

日本の歌で、ほとんどが軍歌だった。

父・柳吾の自然体の振る舞いが全員の心配と恐怖を払拭

厳しい作業に心折れそうになることもしばしばだった。

島に上陸して島民と交流してみたり、島には花子や太郎など日本名の子どもたちが多くいて、かつての戦争を思い心を痛めながらも懐かしいような嬉しさもあった。

島の皆は快く迎えてくれたし、日本兵が決して嫌われていたのではないことを、確認した喜びもあった。海外での引き揚げ作業も少しずつではあるが慣れてきていた。

そして最後の引き揚げ場所の、ダーウィン湾に向けて、日章旗を青山丸に掲げて航行して進むが、起重機船をひっぱっているため、そのスピードは時速3マイルしか出せない。

ダーウィン港には、広島川尻港を発って、なんと45日もかかって到着した。

完全な敵国への入港であった。太平洋の島々とは格段の違いがあった。

皆の覚悟が感じられた。豪快な父も緊張したのではないかと想像する。

私自身は割とリラックスしていたように思う。少しだけ恐怖もあったが、不思議にも心の中は新しいことへの喜びが勝っていた。

しかし、父の自然体の振舞いは、私たち全員の心配と恐怖を払いのけてくれた。

イギリスの油槽船を宿舎に

私たちは、先ず沈んでいる艦船の確認から始めた。広い湾内の東側に集中してはいるものの、場所はどれも離れている。

引き揚げ作業の前に住む場所、暮らしのための宿が必要だった。陸上に宿舎を構えようとしたが、思いがけない高額の税金を課せられることを知り、その費用をどうすれば捻出できるかと相談が始まった。その結果、陸上宿舎を諦めざるを得ないことがわかった。

何しろ１２０名の住居が決まらなければ仕事にかかれない。

そこで波止場から湾の外に向かって、３００メートルほどの位置に横倒しに沈没している、イギリスの油槽船「ブリティッシュ・モータリスト」（６８９１トン）を使うことができないか、検討を始めた。そしてこの油槽船を浮かせて宿舎にしようと決まった。

先ずは、潜って海底の破損部分を水中溶接で塞ぎ、数十あるタンクにコンプレッサーで空気を送り込んでいく。

浮かす作業に取りかかったが、横倒しのまま浮いてくると思いきや、何と奇跡的に浮上

【引き揚げた油槽船ブリティシュ・モータリストで新年のお祝い（1961 年）】

と同時に船体はまっすぐ起き上がった。

船尾の重いエンジン部分を切り落としていたからの結果とも考えられる。

ブリッジ部分を最下部を残して切り落とした。切り外した鉄は、日本へ運ぶため波止場に積み上げた。

横倒しに沈んでいたブリティッシュ・モータリストが、浮かび上がると同時に正常に起き上がったときは、波止場に座って物見遊山のように眺めている、オーストラリア人たちの度肝を抜いたようであった。

何故なら、長年放置され沈んでいる船を引き揚げるだけでも、至難の業であるのだから、浮かせられるはずがないと彼らは高をくくっていたと思う。

その予測が外れて、さぞ驚いたことだろう。

私たちも水中溶接で破損部分を塞いで、準備周到に進めてきた。計算づくではあったが、これほど見事な結果になると皆も大喜びだ。

いずれにしても、奇跡のような結果に私たち乗組員も驚いたが、何より波止場で見物しているオーストラリア人たちには、ほんとうに奇跡が起きたと思わせたようだ。

浮かんだ甲板の上に、日本から積んできた材木で居住区をつくった。そこの一番上の甲板にはテーブルを並べて椅子を置き、皆が食事をできるようにして、船内には米軍払い下げのベッドを並べて、なかなか素晴らしい寝室まででき上がったのだ。

仮に陸上に宿舎を建てて、尚且つ高額の税金を払って暮らすことになったとしても、この海上の宿舎ほどの快適さがあったかどうかはわからない。

とにかく多額の税金も免れて、私たち作業員だけの宿舎は快適で言うことはなかった。

青山丸に皆が住んで3か月で、新しい住居が完成した。ブリティッシュ・モータリストを浮かせてできた新居での生活と、引き揚げ作業が本格的に始まった。

青山丸は波止場に積み上げていた鉄を満載にして帰国して行った。見送った私たちは望郷の気持ちを何とか切り離して、作業に戻った。

「海事工業藤田組」から「藤田海事工業株式会社」へ

この頃には、父の会社は「海事工業藤田組」から「藤田海事工業株式会社」となった。

これらの海事引き揚げ業務は、当時サルベージ事業との権利を持っていた「南洋貿易株式会社」との契約を結んでの出発であったので、引き揚げ業務の責任はすべて我が社にあった。

そのことで全乗組員の覚悟は決まっていたように思う。

もちろん若い私もこの大事業にワクワク感と同時に、絶対に成功させるという自信を持ちつつあったが、私はその自信を心の奥に隠していた。

実際の作業の手順として、パラオ諸島の引き揚げ作業の後にダーウィン湾の引き揚げも決まった訳だが、これが途轍もなく大変なことになっていた。

それはシドニーを中心に、港湾労働者の大反発にあってしまったことである。労働組合の問題だった。それではどうすると真剣な話し合いになっても、オーストラリアに引き揚げ技術はなく、と同時に危険な作業であるため、港湾労働者たちがどんなに反対したところで埒があかない。

最後には藤田サルベージに頼るしかないと、同意を得られての作業開始となった。

この国で最も厳しい問題は、やはり労働問題と、労働者の資質ということだろう。

サルベージ作業の仕事

サルベージ作業は、夜明けとともに起きて朝食をとり終わると、作業船数隻にそれぞれ、潜水夫・火薬師・綱取りなど5人から6人ほどのチームに分かれて、それぞれの作業船に乗り沈没船の上へ行く。

竹竿を加工してつくった松明（たいまつ）の先に黄色火薬と、雷管をつけ、それを持って潜水夫が潜り、沈没船の破損部分に差し込んで浮上する。そのあと点火して部分的に破砕し、それを起重機船を呼んで吊り上げ、波止場まで運んで積み上げていく。

大型の鉄塊はガスで切ったり、ハンマーで細かくして丁寧に四角形やその他一定の大きさにして積み上げる。それらは、積み上げると約100個くらいになり、直方体のようなまとまりである重さ30トンくらいの「ハイ」というものをいくつもつくり、日本から貨物船が積みに来るのを待って、船に積み込んでいく。

仕事は、夜明けから日の入りまでと決まっていた。

日中でも危険で厳しい海底からの鉄の引き揚げ作業は、日暮れから夜になると非常に危険だから作業は行わない。

日暮れになると、それぞれの作業場所から皆が帰ってきて甲板の上にランプが灯り、楽しい夕食の時間になった。

日本へ持ち帰ったスクラップは富士製鉄所・八幡製鉄所などに納めた。当時の鉄のスクラップは1トン当たり6万円くらいだったと思う。

プロペラは合金（砲金）のため、更に高値で買い取られた。プロペラが揚がった日は、

【最高の潜水技術を持つダイバーの１人】

【引き揚げた鉄塊は「ハイ」にして埠頭に並べられた】

お祝いで宴会を催して皆で盛り上がって喜んだ。

一度だけの事故、無念

一度だけ事故があり、残念なことに死者を出したことがある。

海から船がいを吊り上げた起重機船から、破片が滑り落ち海から揚がってきていた潜水夫の林三蔵さんに当たってしまった。

林さんが亡くなられた。

林さんは卓越した潜水技術の持ち主で、仲間からも尊敬されていた人だった。

岩手県の三陸で鍛えた屈指のダイバーだったから、ほんとうに無念な事故だった。

何時でも細心の注意を払って作業をしているけれど、起きてしまった悲しい事故であった。

食糧確保の魚釣りでお祭り騒ぎ

湾内に珍しく大きな魚が入ってくることがあり、その日は仕事を休み、皆で食料確保のため魚を釣る。

餌は主にサバなどの小さな魚を使ったりしたが、時には豚肉も餌に使ったこともあった。

1年に二度ほどのこの日は、お祭りのような喜びで皆が子どものように大はしゃぎして楽しんだ。

厳しい作業と危険な仕事を日々こなしているからだ。

この日は皆とても嬉しそうな楽しそうな感じになっている。

私もこの日をたいへん有難いと思っていた。私も含めて皆の心が1つになって楽しんでいることが伝わるから、こういうのが絆というのだろう。

休日の過ごし方

1か月に一度だけ、15日が休日になっていた。

この日は映画を観たり買い物をしたりして過ごした。

代理店の「バーンズ・フィリップ社」との諸々の交渉や、ダーウィンの街で食料品、水、油などを購入する仕事もあった。

なにしろこの異国の地で、新聞もラジオもない生活は、子どもの頃に読んだ浦島太郎を思い出した。浦島太郎は竜宮城でもてなされたのだから、私たちのこの苦しい作業とは違うのだと、少し浦島太郎に違和感と嫉妬さえ感じた。自分でも可笑しくなりばかばかしくて即刻頭を切り替え、1人で笑ってしまったりした。

それほどまでに艦船の引き揚げ作業そのものは、厳しく孤独な仕事であった。皆で一緒にとる食事は嬉しい時間だった。

とくに夕ご飯のあとは、リラックスできて音楽を聴いたり、読書をしたりして過ごした。私はこの時間はジャズを聴きながら、小さな船をつくったり、日本から持ってきた模型の飛行機をつくったりして、物づくりにあてたが、疲れているのか直ぐに眠りについた。

オーストラリアの人々の態度の変化

そんな中、オーストラリアの人々の私たちへの態度の変化を感じるようになっていた。最初の頃は、敵国の船が日章旗を掲げてやってきた訳だから、許せなかったようで態度も悪かった。敵愾心が感じられたほどだった。

もちろん、それを承知で乗り込んだダーウィンの街に最初から期待はなかった。

横たわっていた油槽船を浮き上がらせ宿舎にして住み、毎日もくもくと真面目に働く作業員の日本人たち。そして波止場に美しく積み上げてられていく鉄屑や鉄塊。彼らの目には異常に見えたのだろう。

見物客のような人々が集まりはじめ、昼休みの娯楽のようにサンドイッチを片手に、岸壁に座る人たちが増えていった。

長年、港に沈んでいた艦船を引き揚げる作業は、オーストラリアの人々にとっても簡単なことではないのがわかっていたのだろう。だから集まってきて眺めている人々の関心の深さを知ることができた。

ダーウィン湾に沈んでいる艦船が、航行に著しい障害となっていることは誰の目にも明らかだ。航行する船の船員たちにとって、非常に迷惑な存在であり、この沈没船がなくなればよいのにと、考える船員は多かっただろう。

最初に、ブリティッシュ・モータリストのエンジン部分などを切り離して、浮上させて住居にした頃からオーストラリア人たちの、私たち日本人に対する感情や態度は柔らかく温かくなってきたように感じられた。

思いがけない奇跡を目の当たりにしているような気持ちがあったのだろう。

積み上げられる鉄屑の美しさや、もくもくと真面目に働く作業員たち。

普通に起きる労働者の反乱もなく、揉めることのない私たちに、見物するオーストラリア人たちには信じられない光景だったのではないだろうか。

銑一朗は那智丸に居住し酸素づくりを1人で担当

オーストラリアに着いてから最初の3か月間は、青山丸（1000トン）に皆が寝起きしていた。ブリティッシュ・モータリストを浮かべ立て直して、住居にしたところで、青山丸は鉄を満載して帰国の途についた。その後も私自身はひとり、住居をブリティッシュ・モータリストにせず、酸素をつくる那智丸で寝起きした。

太平洋戦争中に、潜水艦に必要だった酸素発生装置があり、その1セットを父・柳吾が手に入れた。

波止浜造船に持ち込んで積み込み作業をしてもらった。

その酸素発生装置が、パラオ諸島の作業もダーウィンでの作業にも、私自身と共にあり、生涯の酸素づくりの基礎となったと思う。

貨物船マウナ・ロアの引き揚げ

次に取り掛かったのは、貨物船「マウナ・ロア」だった。

「マウナ・ロア」は湾内の一番沖合に沈んでいる。広大なダーウィン湾のほぼ中央辺りの位置である。

アメリカ軍に属している貨物船で、5436トンだ。記録を見ると、死者5名となっていた。ほぼ湾の中央辺りということもあり、速い潮流に悩まされながらの引き揚げであったが、ラッキーだったことは、水深がそれほど深くなかったことだろう。

波止場からも遠く、ダーウィン湾の真夏に向かう太陽に照らされながらの、船上での酸素づくりは、わが生涯で最も過酷な仕事であったと思う。

ただ1人の那智丸での作業であったし、夜寝るのも私1人、ブリティッシュ・モータリストに行かず、那智丸で過ごした。

この全くの孤独が私自身を強く鍛えてくれたと思う。

たぶん若さで乗り越えられたと今では思っている。

輸送艦メイグスの引き揚げ

第3番目に引き揚げたのが、輸送艦「メイグス」（1万2568トン）。

最も大型のアメリカ軍の輸送艦で犠牲者2名と少なかったのが、気持ちの上では助けられた。

メイグスは、先に引き揚げたマウナ・ロアの近くの直ぐ南側に沈んでおり、又しても湾内のほぼ中央での引き揚げ作業となった。

大型の輸送艦だけに引き揚げに必要な酸素をつくり続けなければならない私には、永遠に感じられる絶望的な作業だった。

それでもこのダーウィン湾の引き揚げ事業に、藤田サルベージの命運がかかっていることで、身の引き締まる思いがあった。見事に成功させることだけを願って、大型輸送艦の引き揚げに取り組んでいた。

この第3番目の輸送艦メイグスは1万2000トンを超える輸送艦だったので、船尾には大型のプロペラを装備していた。

そして1枚予備のプロペラが傍らで見つかった。使われたことのない1枚だった。

父はこのプロペラを自身の墓石にするため、芦屋の自宅の墓所に運ぶ算段していたことを、のちに知った。

そして、そのときの父の希望通り、芦屋の屋敷に続く墓地に、大型輸送艦の墓標ならぬ、父の成功のシンボルとして長い間、その場所にプロペラ墓標は佇み続けた。

香港商船ネプチューナの引き揚げ

第4番目は、香港商船「ネプチューナ」（5952トン）の、イギリス海軍に属している商船だった。犠牲者は45名にもなった。

フォート・ヒル波止場の埠頭に横付けの状態で沈んでしまっていた。引き揚げた鉄は適当な大きさに切り揃え、そのまま埠頭に積み上げていった。

この頃にはもう見物のオーストラリアの人々の間から、日本人や日本国に対する悪感情が解けていくようだった。仕事に対して賞賛の声さえ上がっていた。

最初から、二国間の敵対的な感情を警戒していた父・柳吾は、常に関係先のオーストラリアの人たちをもてなし、交流の場を設けていたので、次第に打ち解けてパーティーなどの招待に応じてくれるオーストラリア人も増えていった。

そのパーティーでは、できるだけ日本食、つまり寿司などでおもてなしをした。

埠頭での丁寧な仕事ぶりを目の当たりにして、一般市民も次第に藤田サルベージの仕事に魅せられていった。それはオーストラリアには未だ根付いていない、丁寧な仕事文化だったからだろう。

きちんと長方形または正方形に積み上げられてゆく鉄くずの山は、見学者たちの発想にはなかったのだろう。埠頭で眺めている人々には、とても新鮮な感じに映ったようだった。

貨客船ジーランディアの引き揚げ

第5番目の引き揚げは、貨客船「ジーランディア」(6683トン)で、死者は3名だった。ジーランディアはネプチューナを引き揚げた波止場から、南へ行ったところで、水深は10から15メートルほど。他の引き揚げ船より少しだけ浅い程度であったので、作業は割にスムーズに続けられた。

しかし、6000トンを超える貨客船は、やはり日にちが掛かってしまった。

石炭貯蔵用船ケラトの引き揚げ

第6番目は、石炭貯蔵用船「ケラト」(1894トン)、死者はいない。

ダーウィン湾の南の奥に位置するエクスペンション波止場、右腕(East Arm)と呼ばれている岬と、反対側の西の岬ウィッカム・ポイントとの、丁度真ん中辺りに沈んでいる船で、移動しない貯蔵用船だ。

【引き揚げ前のネプチューナ】

【ダーウィン湾から北を向いて設置された大砲。一度も使わずに解体に】

大砲や機関車・貨物車の解体

このようにして次々に引き揚げて行く中で、戦時中にダーウィンからニューギニア向けに設置されていた大砲の解体が競売にかけられた。

藤田海事工業株式会社が、これを落札した。もっともこれだけの大型大砲を解体できる業者はいなかっただろうと思う。

たいへんな作業であったが、さまざまに知恵を絞りだして奮闘した。そして解体しスクラップにしていった。

また北部鉄道の各駅の引き込み線に放置されていた機関車・貨物車などが同様に競売となり、これも藤田海事工業株式会社が落札した。

数か月をかけて全て解体していった。

アデレード・リバー、キャサリン、マタランカなどの荒野で作業したが、そこではラクダの群れが突然現れて恐ろしい思いもした。

貨物車の箱の部分は木製なので、誰も居ない荒野で火をつけて焼いたところ、消防車が何処からともなく現れて、大騒ぎになった。

乾燥した国のとくに中央部の砂漠地帯での火は厳禁だったようで、消防車が駆け付けてきて、かなり厳しく抗議をされてしまった。

私たちも大いに反省する出来事だった。

アメリカ駆逐艦ピアリーの引き揚げ

ダーウィン湾の喉元というか首根っこというか、そうした位置に沈んでいるアメリカの駆逐艦ピアリーは、アメリカ合衆国から触るな、と警告をされていた。そこでサルベージ作業を行わないこととして、藤田海事工業株式会社は、帰国の準備を始めた。

しかし、それでは港湾機能の復旧航路の啓開寄与とはならない。駆逐艦ピアリーは湾内航行に一番重要な検疫錨地の場所に沈んでいることで、ダーウィン港に出入りする船の妨げになるからだ。

これまでも湾内に沈んでいる艦船のために苦労する船は多く、たいへん困っていた。漸く艦船の引き揚げ撤去が始まって、作業が６隻を引き揚げ終えたところで、最後の１隻がピアリーだったのだ。

日豪友好のためもうひと頑張りすることを決断

アメリカ合衆国の納得と同意が得られないなら、致し方ない。父・柳吾の決断は早く帰国準備に入った。

ここで驚きの情報がもたらされた。

オーストラリア政府の介入が知らされたのだ。

日豪友好のために、このピアリーの引き揚げ作業を無償でやれと言ってきたのだ。父も私も聞き間違いかと思った。

そもそもこの艦船の引き揚げ事業は、引き揚げた鉄を受け取るだけのことで、メリットは日本の復興に必要な鉄だから、価値があり国益ともなるから一事業者として邁進してきたのだ。

これまでどの政府も、サルベージ事業に直接介入したことはなく、援助すら受けていない。こんな理不尽なことが許されるのか。冗談だと笑い飛ばしたい気分であった。

世界中のどこの誰が、この理不尽な日豪親善に同意するのか訊いてみたいものだ。

だが、父はしばらく考えたのち、やることに決めたようで皆に発表した。

その決断は父らしいとも思えた。普段は穏やかで優しい父だが、理不尽なことには、真っ向から立ち向かい解決を導き出すのが父のやり方だ。しかし、今回のように国家とか、人の命とかの問題になると、割に人情的に妥協することを、息子の私は知っている。ああ、やるしかないのかと、もうひと頑張り船の艫で酸素をつくる覚悟が、私自身の中で固まった瞬間でもあった。

アメリカ海軍の、駆逐艦「ピアリー」（１１９０トン）は、ダーウィン湾に比較的近くに沈んではいるが、他の艦船のときに比べると、ここは検疫錨地のため水深もあるし、潮流も厳しい場所になる。

88名の兵士が犠牲になって、船内で遺骨になっていることが想像されとても辛い。54名の生存者があったことは誠によかったと思う。

されど、このピアリーの引き揚げを父が決めたことであり、私はその他のことは考えずに邁進しよう、気を引き締めてとりかかろうと、自分に鞭打った。

入念な打ち合わせのあと、早速に引き揚げ作業が始まった。

ダーウィン湾での7隻目ともなると慣れたものであったが、潮流の速さと干満の差が厳しく難儀な作業ではあった。

それでも最後の引き揚げ船となるから、皆の顔にも笑顔が見られるほど吹っ切れたような爽やかさを感じた。

作業員たちも決まったからには、苦情をいったり躊躇ったりする者はいなかった。

2年で終了する計画が半年延びた

その他にも、オーストラリア海軍の払い下げの駆逐艦や、掃海艇9隻などの解体も受注した。広島の川尻港を出て、2年で終了する計画であったが、さまざまな引き揚げ作業を追加でこなさなければならなかった。半年ほど作業は延びたが、何処からも問題や苦情は来ぬまま終了でき、誠にありがたい結果となった。

南洋貿易株式会社との契約も2年となっていたが、又ダーウィン市在住のカール・アトキンソン氏との別契約書も、2年となっていた。同じように諸事情に鑑みて理解を得られすべてが完了した。

愛媛県・岩手県出身の仲間たち

120名の藤田海事工業株式会社の中には、愛媛県出身の仲間がいた。小林一隆隊長をはじめ、小林啓基、大林健吾、矢和田充哉、鴨田康夫の５名が一緒だった。

鴨田君は松山工業高等学校を卒業したばかりの若者で、一緒にダーウィンに向かった同僚であったが、彼は体調を崩して終了する少し前に日本へ帰国した。もしかして婚約者に会いたくなったのではないかと、そんな風に思ってふっと微笑ましくなって笑ってしまった。

その他の作業仲間たちはほとんどが、東北の岩手県の潜水夫の方々だった。皆が仲良くよいチームだったと思う。私は今も、小林啓基さんとは交流をしている。

将来の展望まで与えてくれた父・柳吾

ダーウィン湾の引き揚げ作業のとき、私は25歳であったが、この大事業に携わることができたこと、この経験が私の生涯の目的を決めたと思う。

私も父に似て好奇心いっぱいの若者として、この引き揚げ事業は、強烈な印象とともに、世界の一端を見せてもらったから、今後も世界と関わってゆきたいと心から思った。

ダーウィン湾の沈没船の引き揚げ作業を受注して、２年半のこの経験とともに、将来の展望まで私に与えてくれた父に、心から感謝している。

先を読む父の決断は用意周到な準備から

昭和30年（1955年）7月から昭和32年（1957年）年2月までの間にパラオ諸島での引き揚げ作業で、38隻を引き揚げ15万トンの鉄を日本へ運んだ。その後の昭和34年（1959年）6月からのダーウィン湾の艦船引き揚げでも20万トン余りの鉄を回収した。

サルベージ業によって引き揚げられた鉄材の利用効率化のために、昭和25年（1950年）、鉄材再生加工工場を、大阪市池島町に開設した。

またサルベージ業には不可欠の、酸素の自給生産に着目し、準備を進めた。

後に知ったことだが、柳吾はパラオ諸島のサルベージ業の前にアメリカへ行き、引き揚げ作業について、契約書を取り付けていた。

1ドルが365円のときに365円の7倍の価格で契約してきたのであるから、相当の準備と理屈を駆使して説明したことが想像できる。

何という交渉力だと感嘆を通り越してむしろ呆れた。

こうして一事が万事、用意周到に計算されていたのだ。

松山酸素の創立

サルベージ事業には、絶対に欠かせない酸素に着目した父の決断は素早く、昭和32年（1957年）6月、松山酸素株式会社を創立した。

ダーウィン湾の引き揚げ船事業にかかる前であったから、タイミング的には完璧といえる決断であった。

私は、この先を読む父の決断に賛成したものの、圧倒される思いだった。

大阪市に開設した鉄材再生加工工場と、松山市に設立した松山酸素株式会社の2つの事業のおかげで、その後に展開してゆく業務への進展は容易くなり、困難なサルベージ業さえも楽に思えるようになった。

父の私的な面には不満が残る

父の仕事に対する姿勢は、変わることはなく丁寧であったし、人に対しては何時でも温和で友好的であった。

しかしながら私的な部分では、私には、少し不満があった。

仕事に一生懸命であったからだと思いたいが、母を置き去りにし孤独な生活に追い込んだこと、芦屋の実家に母を置いたまま、父自身は奔放な人生を送っていたからだ。

私は両親をそれぞれ尊敬していた。いや、強いて言えば母に憧れていたように思う。母の上品なしぐさや立ち居振る舞いは、美しさを通りこして芸術であったかも知れない。

藤田柳吾の功績と歩み

一　大正10年（1921年）1月10日、若松市に「海事工業藤田組」を設立し、その代表者に就任する。
二　大正15年（1926年）1月20日、「海事工業藤田組」本社を大阪に移住する。
三　昭和19年（1944年）4月10日、青森県知事より、重要物資揚収に対しての貢献により感謝状を授与さる。
四　昭和21年（1946年）7月15日、東北海運局長より八戸港沈没船処理に対しての貢献により、表彰状を授与さる。
五　昭和22年（1947年）7月10日、運輸大臣より開運の発展に対しての貢献により、表彰状を授与さる。

六　昭和23年（1948年）12月20日、「海事工業藤田組」を、「藤田海事工業株式会社」に改組し、取締役社長に就任する。
七　昭和28年（1953年）3月28日、宮窪海南寺へ釣鐘一個を寄贈する。
八　昭和32年（1957年）6月10日、「松山酸素株式会社」を設立し、取締役社長に就任する。
九　昭和36年（1961年）7月20日、オーストラリア・ノーザンテリトリー総督より、日豪親善に対する貢献による感謝状を授与さる。
十　昭和40年（1965年）11月25日、大阪府知事より船員係保険事業の発展に協力したるにより表彰状を授与さる。
十一　昭和45年（1970年）10月10日、救難事業懇話会理事に就任する。
十二　昭和49年（1974年）8月31日、紺綬褒章を授与さる。
十三　昭和49年（1974年）8月31日、宮窪町へ老人憩いの家一棟（木造軽量鉄骨平屋建スレート葺185・29平方メートルにて、その価値は343万6544円）を寄贈する。
十四　昭和50年（1975年）6月30日、宮窪町へ宮窪町中央公民館建設資金として、

十五　昭和50年（１９７５年）10月１日、これまでの功績を称え、宮窪町名誉町民の称号を授与さる。

１００万円を寄贈する。

勲五等をきっぱりと断る

日本政府により勲五等を授与したい旨が知らされたとき、柳吾の怒りは内面から吹き上げてしまい、自身の功績を勲五等程度にされた悔しさは収まらず、勲五等叙勲をきっぱりと断ったのだ。

全くあの父らしい振る舞いに私は笑ってしまった。正に柳吾流の言動だった。

89年の生涯を閉じる

後年病に倒れ、２年余りの辛い闘病生活を強いられたが、昭和61年（１９８６年）３月29日、怒涛の如く駆け抜けていった89年の生涯を、芦屋市の自宅にて静かに閉じた。

小学生の頃、「何でもよいから日本一になる」と言っていた父・柳吾の生涯は、正に日本一の「鉄の男」となって、日本の戦後の復興に寄与した。

第2章　ダーウィン開港100年祭と日豪親善

父・柳吾が果たした和解と親善

父・藤田柳吾の偉業

明治から昭和、そして現在の令和まで、藤田サルベージ社の偉業から和解と親善について引き続き記していきたい。

第一には、こんな大偉業を日本人が戦後に成し遂げた事実。もちろんその真っ只中で働いた私自身が記すことに多少の違和感と、述べることへの忸怩たる思いを持ちつつ語ることにする。

多くの日本の人が知らないこと、それは藤田サルベージが日本国内から、また世界から集めてきた鉄の塊が、戦後の焼け野原からの復興に大きく貢献したこと。この事実は、日本で高炉ができて銑鉄や鋼鉄が生産される前の話であるが、誠に興味深い。

第二に、このサルベージ業を私たち親子が、成し遂げたと自負している。

実際、政府の協力もなしにやり遂げたもので、何かの見返りがあったこともない。

先にも述べたように父の仕事ぶりは、先ずは入念な下調べから始まり、さまざまな角度から計算した慎重さが特徴だと思う。

また、人と接するときや交渉時には温和な感じからも、人々を引き付ける魅力があったのだろう。

嬉しいことに、私も父のやり方に賛成であり、事前の調査の大切さはとても重要だと考えている。

そして他人とのお付き合いや交渉は、優しくありたいと何時も思っている。

父の事業の継承を覚悟した私

戦後の混沌とした時代、焼け野原になった東京、そしてすべての日本の都市の復興が始まったとき、一番必要だった鉄が藤田サルベージ社によって、日本国内の沈没船から、また海外から届けられる引き揚げ船の鉄屑の有難さは、いかほどだったであろうか、想像に難くない。

先にも述べたが、サルベージ業によって引き揚げられた鉄材の利用効率化のために、昭和25年（１９５０年）に鉄材再生加工工場を、大阪市池島町に開設した。

またサルベージ業には不可欠の、酸素の自給生産に着目し、準備を進めた。そして昭和32年（１９５７年）、松山市に松山酸素株式会社を設立した。

私が成人し、時には父とともに仕事をしてきて学んだこと、また私自身のアイデアが、父に反対されながらも後に実現する形になったことで、この事業を引き継いでいく覚悟ができたと思う。

娘とともにダーウィン訪問

令和4年（2022年）のオーストラリアの南半球の夏は、記録に残る寒い夏、しかも雨ばかりが降り続いているようだ。

東海岸側はクイーンズランド州から、ニューサウスウェールズ州まで、所かまわず洪水になり、河の近くや低い土地にはその水は家の屋根まで覆っているニュースを見た。

漸く本格的な秋が始まった4月になっても、太陽の出る日は少なく雨模様だ。

それでも5月から6月にかけて、ひと月ほどオーストラリアを訪ねることにして、5月17日に娘とともに羽田を出発した。

明くる朝にはシドニー空港へ到着し、半日待って乗り継いでゴールドコーストへと向かった。ゴールドコーストでは、シドニーの友人が訪ねてくれて3日ほどご一緒した。

その後もブリスベンなどの東海岸に滞在した、その間お世話になった友人や、ご家族とも数年ぶりに会うことができた。

そして、２年半ぶりにダーウィンの街へ入った。

６月５日に、戦争記念教会のサンデー・ミサに娘と一緒に出席した。懐かしいケビンさんにも会えて、父のプロペラ墓標にも祈りを捧げた。

この墓標は、輸送艦メイグスの引き揚げ作業で見つかった父の成功のシンボルのプロペラだ。父が建てた芦屋の屋敷内に墓石としてあったものを、後に私がダーウィンへ返したという経緯があるのだ。

西海岸のインド洋側ブルームも訪ねた。かつて日本人が多く住んで真珠貝を採った町を、セスナで空から眺めたが、その景色は、私たち父娘の旅のハイライトだと感じている。

間もなく日本へ帰国する予定なので、またダーウィンへ戻ってきた。

ダーウィンからは直接のフライトはなくなっていて、入国のときと同じように４時間をかけてシドニー空港へ戻り、日本への帰国となる。以前はダーウィンから直接日本へ向かう便があったのだが、現在は許可が下りていないのだろう。

世界で未曽有の感染症新型コロナウイルスが、中国の武漢から始まり、その広がりで世界中が交流を絶った時期だった。コロナ禍で何処へも行けず、誰にも会えなかったので、久しぶりの遠出になった。

【右から３人目が柳吾社長、父の左が長男・宗平、右が次男・銑一郎】

前回のアイスランドへの旅もラッキーだったのは、デルタ株の時期であったから。もしも既にオミクロン株に移行していたら、私たちは出発できなかっただろう。

そしてまた今回のダーウィンへの訪問実現も、奇跡に近い幸運をもたらしてくれた。私たち親子のダーウィンへの気持ちは不思議だが、第二の故郷のようなものに感じている。

ダーウィン市政１００周年記念に招待され渡豪

ダーウィン市政１００周年記念に向けて、私の妹や友人の若かりし頃の武勇伝を紹介しておこう。

それはダーウィン市政１００周年記念に向けて大学を卒業したばかりの初々しい女性たちだ。

豪州１００年祭に招待されたもので、９月３日午前９時すぎ、大阪港から日新海運の貨物船栗栄丸（２５００トン）で出発する３人である。

今、南太平洋は台風シーズンのさなかで、船会社の反対と両親の心配をよそに男ばかりの貨物船で、日豪親善の船旅を続けるという。

この勇敢なお嬢さんたちは、永森百合子（22歳）と佐竹徳子（26歳）、そして私の妹、藤田英子（23歳）の3人だ。

豪州100年祭に招待される

豪州100年祭への招待客については、豪州北部準州のアール・マーシュ副総裁から、藤田英子さんの父親の柳吾氏（藤田海事工業社長）へ、ダーウィン沖合の米艦船十数隻の引き揚げにあたり、豪州の日本ブームが高まっているため、豪州100年祭の記念行事に日本女性を招きたいといってきたものである。

たまたま栗栄丸が、ダーウィンにスクラップを積み取りにいくという船便があり、3人の女性は外務省や豪州の大使館などを走り廻って、2日間で旅券と海外渡航許可証をとった。

ところが日新海運では、これから台風シーズンになるうえ、戦時標準型の貨物船で男ばかりの世帯だから責任が持てないといってきた。

しかし3人の女性は、同じ船でさる4月にダーウィン政庁のジュン・ブラウンさん（26歳）ジュディス・ペアーソンさん（19歳）の2人の豪州女性を乗せて日本を訪れているので、絶対に大丈夫と強引に貨物船に乗ることを決めた。

英子と永森さんは、神戸女学院中学部時代からの大の仲良しで、同大学を卒業したばかり。特に永森さんは一人娘だという。佐竹さんだけ東京の南洋貿易に勤めるオフィス・レディだが、３人そろって英語はペラペラ。

英子は花柳流の日本舞踊の名取で、「京の四季」「松の緑」などのレコードを持って行って、３人で日本の着物による賑やかな踊りを披露するという。

丁度その頃には、私たちは栗栄丸の到着を待って、ダーウィンで準備をしていた。兄の宗平も珍しく飛行機で到着していた。

戦争記念教会の内部飾り付け十字架寄贈要請

ここから再び、ダーウィンでの話に戻る。ダーウィンでのサルベージ業の真っ只中の頃、偶然ダーウィン開港１００年祭が行われていた。

併せて戦争記念教会が建設中であった。内部の飾り付け十字架、大小77個の寄贈要請が、昭和35年（１９６０年）２月５日付け書簡が、成田大使より藤山外務大臣宛てに届いた。

当初、外務省よりこの寄贈のご下命を受けましたが、これらの製作には相当高額な出費を伴うため、弊社ではお受けできないと判断しご辞退申し上げた。

【戦争記念教会の内部】

【内部飾り付け十字架】

Bronze crosses - Cast from
salvaged metal from the
MV Zealandia

日本国外務省にも予算がないので、藤田に是非との再三の要望があった。

しかし、国家が出せない金額を藤田に出させようというのだから、本末転倒であり、重ねてはっきりとお断りした。

ところが、当時面識のあった通産大臣、池田隼人氏より「日豪親善のため、やってやれ」とのお話があり、こういう時の父の決断はさっぱりとしていて、お引き受けした。

これに使用する材料としては、ダーウィン湾の沈没船より回収した上質の砲金を使用することに決めた。

教会からの図面に基づき、日本の鋳物メーカーにて調整し献納した。

教会からはたいへん喜ばれ、永久に記念されることになった。

戦争記念教会の落成式典に参列

戦争記念教会の落成式には、日本政府の大使やその関係者等とともに、招待を受けて盛大な儀式に参列した。

もちろん貨物船の栗栄丸でダーウィンに到着していた、3人娘、永森百合子さん、佐竹徳子さん、妹の英子さんも列席し華やいだことであった。

成田大使のご列席を仰いだところ実現しましたので、我が社も答礼としてダーウィンホテルにて大パーティーを催し喜んでいただいた。

アメリカの駆逐艦引き揚げは損得度外視

以前にも記したように、駆逐艦ピアリーについてはアメリカ大使館より、重ねて引き揚げ反対の旨があった。

もちろん我が社は手をつけずにいたが、ダーウィン港の検疫錨地の中心部に沈没しているため、将来オーストラリア政府の港湾整備計画上、たいへんな支障となることは、火を見るよりも明らかであった。

オーストラリア政府は大慌てでアメリカ政府との交渉を再び開始したのである。その結果許可が下りた。

その際のオーストラリア政府は、是非とも藤田サルベージにと引き揚げ要望を出してきたらしい。まぁ当然であろう。

しかしながら、この時期では当社の作業のほぼ7割方を終えており、ピアリー引き揚げを受けると別作業となり、予算が思いもよらない高額になることは避けられなかった。

我が社も手を付けないことになっていたから、緻密な計算はしていなかった。

また全体の作業が5か月から6か月も延期されるため、丁寧にお断りしたのだ。

ところが再びオーストラリア政府より要請があり、予算を出せば作業はやってくれるのかとの問いには、作業期間のことなどもあり、できないと再度はっきりとお断りした。

遂には、どうしたら引き受けてくれるのか。

要望はどんどんとエスカレートしてきて、日豪親善事業としてやってくれとの結論になってしまった。

我が社にとっては、多大な出費となってしまったが、損得を度外視してピアリーの引き揚げを完遂したのである。

結果的に、ピアリーには手を付けないことで、作業の終了を決めていた柳吾社長の計画は半年ほど伸びてしまった。

アメリカ合衆国の海軍所属の駆逐艦には、最後まで日本のサルベージ会社には知られたくない機密の部分があるからで、知られることを恐れたのかも知れない。とはいえ、合衆国アメリカ兵士88名の軍人の犠牲をそのままにすることのほうが異常である。

日豪親善・日米親善

ダーウィン作業は、一貫して日豪親善、日米親善の友好づくめで両者協調的に作業が行われ、非常に後味のいい数々の思い出になっている。

作業終了に当たっては、北部準州総督のロジャー・ノット氏から「藤田海事業績と、作業員の振る舞い」に対し、「日豪親善に資するところ大」として、昭和36年（１９６１年）7月26日感謝状を授与された。

オーストラリア海軍当局においても、藤田のダーウィン湾復旧の作業の功績、甚だ多しとして、オーストラリア艦隊が昭和37年（１９６２年）、日本を親善訪問した際には、艦隊司令長官アラン・マックニコール少将より、藤田柳吾社長及び私たち家族一同は度重なる招待を受けた。

神戸港では、寄稿していた旗艦「メルボルン」を訪問し大歓迎を受けた。そして返礼として少将以下幹部を、芦屋の自宅のお茶席にご招待し、たいへん喜んでいただいた。

ダーウィン港作業のあとも、豪州との良好な関係は続いた。

昭和36年（１９６１年）アララッド号以下、オーストラリア海軍の退役掃海艇9隻の払い下げ。駆逐艦も含まれている。

日本から技術者を呼んで、シドニーで修復したアララッド号をダーウィンへ寄らせて、藤田サルベージ船とともに１２０名の作業員と帰国。

昭和38年（１９６３年）ワラマンガ号、コードランド号、退役駆逐艦2隻の払い下げ。

昭和47年（１９７２年）シドニーにて、トブラップ号、キャベロン号、メルボルンにて、クイックマッチ号、ガスコイン号、退役駆逐艦4隻の払い下げ。

この際、シドニーとメルボルンを四往復できたのは買ったばかりのロールスロイスだった。当時のオーストラリアのポンド通貨で２０００万円で買えたのだ。

日本からのサルベージ船2隻で、4隻の軍艦を2隻ずつ曳航して日本へ戻ってきた。

ロールスロイスは、その後も松山で、海外・国内から訪問客の出迎えや、友人の宮崎ご夫妻の結婚式にも活躍してくれた。平成20年（２００８年）までは乗って走っていました。

悪化していた対日感情が好転

おおよそ半年で、シドニー、メルボルンの作業を終え、払い下げ船はいずれも日本へ曳航し、当社で解体処理をした。

ダーウィン湾の作業中、沈没船を浮揚し救助作業母艦として使用していた、ブリティッシュ・モータリストには、その浮揚技術と着想に驚き、先にも述べたが度肝を抜かれたようだ。オーストラリア首相夫人、ドイツ大使等の見学者が絶えない状況が続いた。

作業員の真面目で丁寧な態度により、それまで悪化していた対日感情は、一変して好転するに至った。

この作業は終了するにあたり、オーストラリア政府並びに海軍より高く評価され、且つ大いに感謝されたのだった。

世界を股にかけた柳吾社長の活躍

更につけ加えるならば、当時の藤田社長は、オーストラリア入国ビザの取得・入国には、外交官にも等しい処遇であったのだ。

この当時の柳吾社長の活躍は、正に世界を股にかけた移動であった。

イギリスへ行ったかと思うと、既にアメリカに渡っていたりと、自由自在に飛び回って、艦船の情報を集めていたようだ。

正に神出鬼没の柳吾社長の情報集めの結果が、藤田サルベージの偉業となったと思う。


【藤田サルベージ社の威正丸】

【フジタファミリーのことを記したパネル】

第3章

藤田家の人々
両親の偉業と引き継いだ私の役目

母・佳子

藤田家の次男の私が、これから記す内容は自画自賛を含めて、我が家の誇りと数々の失敗談などの負の部分も曝け出すことにする。

父・柳吾の栄光とその陰で我慢を強いられた母・佳子の生涯は、孤独の一語に尽きるだろう。

だが母の育ちのよさが、その孤独の中から導き出した技術と結果は、もしかしたら分野は違うだろうけれど、父に匹敵するのではないかと、今でも思っている。

もちろん社会的な貢献度は父に及ばないが、今も手元に残る作品の数々は、誇り高いものである。

九州の近藤サルベージに勤めていた父は、母と北九州で巡り会ったのだ。その当時の母は、舞踊を習ったり、お嫁入り前の女性がする習い事はすべて習っていたようだ。

大正時代であった当時に、これだけの習い事を娘にさせる家があることからも、母の生涯に渡る上品さは生まれ持ったものだった。

そのような育ちのよさからなのか、母の立ち居振る舞いには、品格が自然に備わっていて、父が母を見初めたのも頷ける。

九州で結ばれた両親は、長男、長女、次男そして次女を育てながら生活をしていたが、私が5歳の頃、芦屋に引っ越した後に三男の耕三郎が誕生し私たちは5人兄弟となった。

母は、父のいない家で一生懸命私たちを育ててくれた。

私たち子どもが少しずつ成長し手がかからなくなると、習い事を始めた。

それは仏像を彫ることだった。

私から見た母は、育ちのよさの上品さを持ちながら、手先の器用さを生かして仏像造りに没頭していた。

習い始めたときから持って生まれた器用さとセンスで、あっという間に先生の技術を超えてしまったらしい。

後には50人ほどの弟子を教えながら、国宝の仏像に挑戦した作品は、どれも素晴らしくて目が離せない魅力に満ちている。

特に顔の部分は、心を持って行かれるような品格がある。

自然の一本の木から彫り始める技術を母は何時、如何なる人から学び取ったものか、研究心の賜物か。

【母の作品】

優しい温かみのあるお顔の仏像たちを見ていると、とても癒される。同時に母の心の中の孤独を乗り越えた輝きとでも言えばよいのだろうか、私は癒されながら圧倒されている。芦屋や神戸だけに留まらず、個展を何度も開いていることでも、母の作品の素晴らしさがわかるだろう。

弟子の1人に大切な作品を持って行かれたことがあったらしく、その悲しみは一入であっただろう。

しかしながら、母は訴訟を起こすことを拒み、自身の心の中にしまい込んだのである。何処まで優しい人なのかと呆れる思いはあったが、それが私たちの母なのである。あれだけ緻密に彫り上げられた仏像が、何体あるのかは私は知らないがたくさんあるはずだ。

母の魂が彫り込まれた仏像を手にすると、恥ずかしながら私は胸がいたくなるような感情に切なくてならない。

兵庫医大で2年余り父が入院しているとき、母が芦屋の自宅でひっそりと亡くなった。私は悲しみをぶつける場所もなかった。

父より2年早く他界してしまい、私には無念で仕方がなかった。

【母・佳子の作品】

母の葬儀は、宮窪の海南寺の住職にお願いすると、快く受けていただいた。

もし母が父より長く生きていたなら、父の亡き後の兄による強奪はなかっただろう。それを考えると少し辛いし誠に切ない。父の遺産を母が継いでいたなら、あの悲劇は防げたと思っている。

兄・宗平

その兄・宗平についても語りたい。

兄は学問では非常に優秀であった。国立の大阪大学大学院まで修了している。そんな兄に大きな期待をしただろう父の思いが透けて見える。

当然のこととして長男の兄に、父はすべてを教え込もうとした。藤田サルベージの未来は、この兄に託したいと一生懸命だった父の気持ちがあったからだ。

しかしながら、この兄がサルベージ業に関しては、興味がなく無能だったことは残念でならない。もちろんサルベージ社だけでなく、会社経営にも無能な人だった。

学問ではあれだけ優れた頭脳を持ちながら、ほんとうのところはわからないのだが、たぶん兄の中の高すぎるプライドが邪魔したのだろう。

サルベージ業は海底に沈んでいる艦船や商船を引き揚げてこその商売である。その商談に赴いても、兄は真正面からは向き合えないのだ。サルベージ業の何たるかを知らない兄に、難しい商談を解決して結果を出すことなどできない。

頭は非常によいのだが、お客さまに頭を下げることのできない人で、難事業に責任をとる覚悟も欠落していた。ここぞというときに勇気が出なかったのだろうと思う。

結局兄は、多額のお金をありえない競馬に注ぎ込んでしまった。

馬主になって結局は、馬主協会の会長にまで就任した。

兄の絶頂期は長続きはしなくて、更にギャンブルにのめり込んでいった。

父や私が海の底から引き揚げた鉄は、日本社会の復興に貢献したが、残念ながら受け取った報酬のほとんどは、兄によってつまらないギャンブルに消費されてしまったのだ。

子どもの頃、10歳の差のある兄を見て育ったし、大好きで尊敬していた私だったが、大きくなるにつれ、あれっと思うようになった。私自身、疑問が出てきたのだと思う。

極めつけは、パラオ諸島での作業や、その後のダーウィンでのサルベージ業にも興味がないから、参加して一緒に働くこともなかった。

家業において驚くほど何もしないし、何もできない人だったから、私が兄に疑問を持ち呆れ果てたのは、この頃だったと思う。

サルベージ会社の跡継ぎの長男が、会社の基幹事業のサルベージ業に興味がないようでは話にならない。

あろうことか、のちには馬主になってギャンブルにのめり込んでいった結果はいうまでもないだろう。

サルベージ業が傾き始めても、営業で頭が下げられないため、他力本願になるからどうしても信用を得られず成功しない。

サルベージ業の「藤田海事工業株式会社」と、「松山酸素株式会社」の２つの会社の社長でありながら何もしない、何もできない人だった。松山酸素のほうは、私・銑一郎に任せっきりとなってしまった。

２社から多額の給料をもらって何もしない。

平成20年（２００８年）までその地位に居続けたが、エアーウォーターとの合併が決まり、必然的に兄には退いてもらう形をとった。法外な退職金を要求されたので、きっぱりと断った。

その後サルベージ社のほうから2億円もの横領が見つかり、返済させたが、非常に機嫌が悪かった。

兄の人生が幸せだったかどうかは私にはわからないが、できれば兄弟力を合わせて、事業に向き合いたかった。兄弟が力を合わせて厳しくなったサルベージ事業に向き合っていたら、と無念でならない。

兄といえども違った人生なのだからと割り切ろうと思うが、やはり残念である。

兄には、最初の結婚で娘が1人あり、再婚では3人の子どもが生まれて、4人の子どもに恵まれて幸せだっただろうと思いたい。

私の大きな疑問は、家業であるサルベージ事業においての兄を、見ているはずの父の気持ちである。

ほとんど役に立った仕事はしていないし、作業にも興味のない兄をどのように見ていたのか。

長男を溺愛していることは知っているが、いったい父は兄の何を見ていたのだろう。

ソウルオリンピックの2年前の、昭和61年（１９８６年）に兄は韓国にて1年間の仕事の契約をしたが、付いてゆく従業員がいなくて、銑一郎氏が受けるならやるという従業員のお蔭もあり、オリンピック前に完成することができた。

一事が万事、兄に人望がないことに、兄自身がたぶん気づいていないのだろうと私は思っている。

先にも述べたが、高すぎるプライドが、何時でも何処でも兄の仕事の邪魔をすることになってしまったからだろう。

もう1つの大きな原因は、やはり父だろうと思う。

何があっても兄を尊重し支える父の姿勢を知っている兄には怖い物など何もないのだ。父に泣きつけば何とかしてもらえるのだから、まるで子どもだ。

残念ながら、そんな兄弟の関係に、弟の私がどんな分析を心の中でしていようが、口に出すことなどはないのだから。

姉・房子

次に5歳上の姉・房子も結婚後、ご主人が藤田サルベージ社の役員になっていて縁はあるが、それほど親しい関係は現在では余りない。

父が船を造船するときは、長女の房子の名前をとって、「房丸」としたり、次女の名前・

英子をとって、「英丸」として2人の娘を大切にして、可愛がったことがわかる。

次女・英子

私と次女の英子は、年が2歳しか違わないから小さい頃から一緒に遊んだし、今でも一緒に日本国内、また世界へもともに旅している、いい関係が続いている。

英子の家族とは、ダーウィンにも何度も一緒に旅した。

英子には長男・正敏と長女和子に次女明子がいる。明子には今大学生の息子もいて、皆で仲良くダーウィンへも旅している。次女の明子と私の娘欣子が偶然に同じ年で、特別仲良くしている。

妹の英子までは、住んでいた北九州で生まれたが、芦屋に引っ越してから弟の耕三郎が生まれて、私たちは5人兄弟になって賑やかな家族だった。

父・柳吾の私的な面

藤田家の大黒柱・柳吾の私的な生活も書いてみる。

決断も早く仕事の上では申し分のない人であったが、私的な面では、先ず大酒飲みであった。浴びるように酒を飲む人だった。太っ腹の人で人当たりもよく豪快な性格だったと思う。

そして、女に弱いというか優しい人で、何時でも愛人と言われる人がいた。

妻を蔑ろにしておきながら愛人はないだろう。

母の苦しみがよくわかる。愛人を自分の新しい会社の女社長に抜擢した時期もあり、私的な面では誠に支離滅裂な決断を下してしまい、社員の顰蹙を買った。

あれだけ豪快でシャープな頭脳を持った父は、何処へ行ってしまったのか。

これまでの父の仕事のやり方に、私自身が学ぶことも多く参考にしていた。しかし、ある時期から少し違うのではないかと考えることが出てきた。

この頃から私の中で自分のアイデアに、忠実に向き合う気持ちが醸成されていった。

もちろん父からは猛烈に反対された事柄もあったが、私は密かに研究を怠らなかった。後の仕事に役立てたかったからだ。

それでも表向きには父のすることに苦情などは言ったこともなければ、逆らったことなどはない。

柳吾が妹のように可愛がったミネ

私のことはさて置き、柳吾が妹のように可愛がった矢野家の分家に、ミネさんという女性が居た。ミネさんの子どもの和夫さんを松山酸素に入社させた。ところが余り働く気のない人だったようで、役には立たなかったという。

和夫さんは父が病んだ頃からギャンブルにはまり、気落ちしたのか柳吾が亡くなって少し精神を病んだのかおかしくなったと聞いている。

数年前に死去されているので、死者に鞭打つことはできない。

ミネさんの息子の国雄さんはとてもいい人で、ミネさんの長女はたしか、さゆきさんだと思うが間違っているかも知れない。

父・柳吾の故郷への思い

私自身、父の生い立ちなどをほとんど知らずに来たが、多喜浜の深尾家の当主のお墓詣りに、父の運転手として何度もお墓へ通った思い出はある。

最初私には理解できなかったが、父が深尾家に親しみと恩義を感じていたことはわかる。

それは父の実の両親は、深尾茂とトヨなのだから、当然とも言える。

親戚とも言える人たちの少ない中、大切に思い故郷との繋がりであり、絆もあるのだから父の気持ちはやはり、育ったこの宮窪にあるのだろう。

昭和28年（１９５３年）に宮窪海南寺に、釣鐘を一個寄贈していることでも、柳吾の故郷への思いは伝わってくる。

柳吾の育った来島海峡

柳吾の育った来島海峡は、大島を中心に幾つもの島々があり、明治になるまで来島水軍が活躍した地域でもある。

潮の流れは速く渦巻いて航行はなかなか難しい海域である。そんな育ちがのちのサルベージ業に向かわせたとも思えなくもない。

確かに大島の辺りは景色も最高だし、美しいことこの上ない。

人が住めるスペースもないような小さな離れ島のような島にも、神さまが祀られていてきちんと整備されている。

地元の人々の海を守る心意気が感じられる。海で生きる人たちには、島々のそれぞれの神さまは心の拠りどころだろう。

　サルベージ業は確かに命がけの仕事ではあるが、当時の仕事の中では藤田サルベージは給料もよくて、もしかして普通の仕事をしている人たちに比べれば、給料は三倍はあったかも知れない。だから藤田サルベージに人が集まったとも考えられる。

ランチ持参で作業を見学

　ダーウィンで引き揚げ作業をした頃は、全員の結束が強くて皆生き生きと仕事をしていた。命がけの仕事なのだから結束は当然ではあるが、実に楽しい思い出がたくさんあるのだ。

　やはり私にとって本格的なサルベージ業は、ダーウィンから始まったと思っている。何しろ25歳の若さであったから、何もかも珍しく面白く楽しかった。

　仕事は言うまでもなく厳しいものであったが、異国の地での人々の行動は理解ができず、疑問だらけだった。

　国柄としては、暖かい地域であったせいかのんびりとして日々過ごしやすそうとは感じた。

何より驚いたのは、埠頭に座ってただ何もせず、私たちの仕事を眺めている人たちだ。サンドイッチなどのランチを持参して、やはり私たちの作業を見つめている。国が違えばこんなにも行動に違いがあることを知った。

私・銑一郎

そんな私は、藤田柳吾と佳子の次男として昭和９年（１９３４年）６月９日に誕生した。長男・宗平は10歳上、長女・房子は５歳上。

次男の私からしてみると、長男、長女とは何だか歳が離れていた。しかし、妹の英子が２年遅れて生まれてからは、私は妹が可愛くてそのあとも何時も妹と遊んでいたような記憶がある。

５歳で芦屋に引っ越してからは、幼稚園などにも通いながら、家ではトンボを追いかけたり、魚を釣ったりと普通の男の子がするような遊びをしていた。

妹のために、小さな木でロボットみたいな人形をつくったりして遊んだ。

小学生になった頃からは、あちらこちらから集めてきた木を使って、小さな船をつくったり、独楽や竹とんぼ、竹馬など遊び道具はほとんど私の手づくりで、妹と遊んでいた。

物づくりに興味を持つ

友だちがよくつくっていた飛行機を自らつくったり、1人でコツコツと物づくりに没頭していた。

この頃から、日本社会は戦争へと突入していった。

私たち子どもは危険な都会にいると危ないので、田舎へ集団疎開をさせられた。

疎開先は岡山の田舎の町だった。お蔭で空襲にもあわず生き延びた。

芦屋は裕福な家が多く、父が建てた家も大きくて、私たち兄弟も何不自由なく暮らしていた。

昭和20年（1945年）には芦屋も空襲で焼けたが、我が家はどういう訳か焼夷弾の的からは外れた。

お蔭で戦後も芦屋の自宅で、母が一生懸命私たちを育ててくれて、弟の耕三郎も含めて兄弟5人が楽しく暮らせていた。

中学校へ上がって卒業する頃には、遊ぶ小物づくりは卒業。ほんとうの物づくりに興味が出て大工仕事みたいなことに、一生懸命に取り組むようになっていった。

ヨットづくり

私は音楽が好きであった。中でもジャズが好きだ。海外からのミュージシャンたちが演じるジャズに魅せられて、先ずは巨大なスピーカーづくりに取りかかった。何とか満足のゆくスピーカーが完成すると、次はヨットに心が向いて行く。

芦屋のマリーナにはヨットが多く係留されているから嫌でも目に入る。私は早速、小さなヨットをつくり始めた。

伝馬船のように小さくもないが、ヨットとしては超小型で全長6メートルで仕上げた。そのうち全長8メートルのヨットも造れるようになった。

父の許しは出ているからよいのだが、決して新材を使わせてはくれないので、古材を探し見つけると手に入る物は交渉したりした。海岸で拾ってきたりもした。

もちろん新材は戦後の国内ではなかなか手に入らないものではあった。その点では苦労もあったが、さまざまに知恵を使う訓練ができたことはよかったと思う。

何とかヨットを造り続けられたことは、有難く感謝していた。

学生のときからサルベージ業に関わる

終戦前から芦屋には、マリーナが多くヨットが係留されていたから、自然に私も興味が湧いて、父が小型船を多く所有していたこともあり、船の舵取りやエンジンの動きに目が離せなくなっていった。

また機械物を扱うことも覚え、何の抵抗もなく芦屋の人たちのように船を愛し、海を愛し、サルベージ業も見て、父の仕事にも抵抗なく馴染んでいったが、すべてが自然体だった。

高校・大学と勉強もした。が、一番面白かったのはやはり物づくりだった。

学生の時に父のサルベージ業に関わるようになってからは、尚のこと船や引き揚げに興味は移っていった。

サルベージ業に必要な酸素についても学びたくて当時の私は、日本酸素に実習に行っていた。

2年半ほど実習しているときに、ダーウィン湾の引き揚げの話がもたらされた。

ダーウィン湾の沈没船引き揚げ作業に加わる

私たちは青山丸に日章旗を掲げて、パラオ諸島に向かって出航したのだ。

そしてパラオ諸島での作業を片づけたあと、再び青山丸に日章旗を掲げて、那智丸、広栄丸そして途中から吉林号を曳航して、ダーウィン湾へ向かって出航したのだ。

太平洋戦争で負けた国が、堂々と日章旗を掲げて航行してゆくのだ。よほどの勇気がいるし肝が座ってないとできない行為ではある。このひとつをとっても、父の覚悟が見て取れる。

もしかして自分自身への試練であったかも知れず、世界への挑戦でもあったかも知れない。

そうでなければ日章旗を掲げることなく、ひっそりと航行してもよかったのだから。

私には今もわからないのが、父の太平洋戦争時の行動だ。

確か、中国との戦争の初期の頃には父は17歳という若さでシベリアに3年ほど行っていたらしいが、帰還してからは近藤サルベージに就職したというのは知っている。

しかしながら、実際の太平洋戦争が勃発してからの父のことは知らないのだ。

オーストラリア人には奇跡の油槽船引き揚げ

太平洋戦争開始直後に、ハワイのパールハーバーを爆撃して、翌年の2月には、日本軍がダーウィン湾に停泊していた連合軍の軍艦を空爆により沈めた。日本海軍の爆撃は、64回にも及んだというから、ダーウィンの街はほぼ焼き尽くされたといってよい。

17年前にダーウィン湾に沈めた軍艦7隻を、今度はその7隻を引き揚げるためにやってくる日本からの藤田サルベージ社の青山丸を先頭に航行する船団には私も乗っている。

敵国へ向かう気分だったことは否めない。

実際に到着した頃のダーウィンの人々の悪感情は拭えなかっただろうから、厳しいスタートだった。

黙々と作業するしかなかったことは間違いない。

それにしても圧巻なのは、ブリティッシュ・モータリストを浮かせた辺りの、ダーウィンの街、そして人々の間の空気の変わりようだったかと思う。

有り得ない事実が目の前で起きているのだから、奇跡だと思ったオーストラリアの人々もきっとたくさんいただろう。

長い間、湾内に横たわって沈んでいたタンカーが蘇ってそこに、ふわぁっと起き上がったのだから、波止場に座って眺めている人たちには、やっぱり奇跡であったのだろう。

第二の故郷・ダーウィン

私にとってダーウィンは、第二の故郷になっているから、多くの友人もいれば、懐かしい景色もある。おまけに芦屋にあった父のお墓、プロペラ墓標も、今ではダーウィン開港１００周年記念に建てられた戦争記念教会の前に堂々と佇んでいるから、やっぱり第二の故郷かも知れない。

何時だったか博物館を訪れ目にしたもの、日本海軍による爆撃で焼け野原になったダーウィンと、のちにサイクロンで街が壊滅したときの２回のみ、ダーウィンの街が消えた衝撃的な映像を見た。

今思い返しても、ダーウィンの引き揚げ作業は途轍もなく難しい作業ではあったが、全員の団結力は半端ないものであった。

難題を１つひとつ解決して結果を出すたびに絆は深まっていったのだろう。厳しい作業ではあったが楽しかったことが皆を繋いだと思う。

優秀な作業員の退社

２年半のダーウィンの作業を終えて帰国すると、高度な技術を持った優秀な作業員が次々に離れて行った。

悲しい、悔しいという思いとともに父の、去る者は追わず、ということもあって引き留めることができなかった。

当時の私もまだ若くてほとんど勉強中のような立場だったから、ただ黙って去り行く人たちを見送ったのであった。

ああ、ひとつの時代が終わってしまったという感が、私の中にははっきりと区切りのような形で残ってしまったので、さて、これからは何があるか、何処へ向かうか。

酸素の勉強

そのあとは、酸素の勉強に大阪酸素株式会社に修業を兼ねて就職した。先にも書いたが、当時は大阪酸素の技術は大いに高くて、学ぶなら大阪酸素と決めて入社した。

技術的な勉強は面白くて私には向いていたようで、いろいろな角度から考えたり密かに試したりもした。

　興味が湧くとトコトン考え学ぶことで、29歳の時に「高圧ガス乙種の機械」の資格に合格する。

　この資格を獲得したことで、仕事に一層専念できて楽しさも増し私自身は、若い頃に日本酸素で修業した頃よりも満足のいく仕事ができていたから、父の会社に戻ってきたことを嬉しく思っていた。

　いずれにしてもダーウィンでの引き揚げ事業に携われたことが、私の人生において最も大きな出来事だったと思う、父には感謝しかない。

酒を飲まずギャンブルもしない

　私が学んだ10代の頃からのヨット造りも、海底から引き揚げる沈没船のサルベージ業も、事業に必要な酸素作成業もすべてが厳しいけれど、楽しい前向きなことに思えたから私は没頭することができた。

　煽るように飲んだ父のようにお酒も飲まず、もしかして反面教師の意味もあったかと思う。好奇心いっぱいのところは父によく似ているが、趣味の部分では大いに違うようだ。

人生は人それぞれに面白いと思う。

絶対に公私混同しない

とにかく父が兄を高く評価していたことから、もしかして私には余り興味がないのかも知れないと思った時期もあった。しかし、長男溺愛の父に逆らうことなど不可能だ。私なりにできることをコツコツとこなしながら、ただひたすらに物づくりに没頭していった。父から許されることはとにかく古材を使用して、新しい物を完成させることだった。そのために知恵を絞りだし、トコトン考える力がついたと思う。

反面教師の成せる技でもあった。「絶対に公私混同はしない」が、私の根幹にある。ギャンブルはしないし、酒も飲まない。考えてみれば、父に逆らうこともほとんどしなかった代わりに、父と同じような人生にはしたくないという思いは強かった。

父の大胆さ、そしてとても無理だと諦めたくなることにも挑戦できる精神を、私も父から受け継いでいると思う。

加えてとても嬉しいことに、母の器用さも私はもらっていたのだ。細かい部分の仕上げにも母から受け継いだ繊細さが生きている。両親には感謝しかない。

第4章

藤田サルベージ大型船「剣山号」で戦闘機「紫電改」を引き揚げ サルベージ業の真骨頂を貫く

戦闘機「紫電改」の引き揚げ

昭和53年（1978年）11月18日、愛媛県南宇和郡城辺町久良の日土の久良湾内で、養殖イカダのアンカーを探していた地元ダイバーが、海底41メートルに沈んでいる飛行機を発見した。

早速調査の結果、旧日本海軍第三四三航空隊所属の紫電改の1機だと判明する。

翌年、その紫電改の引き揚げを、藤田海事工業株式会社に頼みたいとの依頼がきたが、その依頼がたいへん難しいものだったのだ。今までのように専門のダイバーが潜って、それぞれの部分を切り離して揚げるのとは、全く違った要望であったからだ。

現在海底に沈んでいる飛行機の形を壊さずに、そのままの状態で引き揚げよとのこと。実際にはできる筈もないことであった。戦時中に海底に沈んでしまった飛行機をだ。

父から引き揚げの許可

アメリカ軍との空中戦で墜落したのは1945年のことだ。

日本歴で換算すれば昭和20年（1945年）に沈んだ紫電改は、34年も経ったうえに、

41メートルもの海底に沈んでいる飛行機だ。

たぶん藤田サルベージ社の社長の、藤田柳吾としてはこの難題を断りたかったと思う。

しかし、難し過ぎてできませんとは、父のプライドからは言えなかったのだろう。

私はこの難題に挑むことを決意した。

乾坤一擲との思いで、先ずは父との交渉に入った。難しい引き揚げに、許可はなかなか下りなかったが、熱心に説得をした。

成功できる可能性を説いて、全責任を負う約束でとうとう父の許可をいただいた。

そのときから翌年の夏に照準を合わせて、準備に取り掛かった。

クレーン船「剣山号」

以前に、「剣山号」（５００トン）を完成させていたのが、早速に今回の紫電改の引き揚げに役立つことが嬉しかった。

引き揚げ船の造船を考えて、図面を描き始めたのが、おおよそ10年も前になるだろう。

設計図面を描いてゆくうちにどんどんと知恵が湧いてくるようになって、既に気分は楽しさに満ちていった。

ヨットとは違う大型船の建造を手がけることが、久しぶりに私自身のモチベーションを引き上げて持続することができた。

精神衛生上とてもよく、幸福感で満たされ楽しかった。

剣山号は、藤田サルベージのメインの引き揚げ船になっていたから、早速、引き揚げを波の穏やかな来年の真夏に決めて、着々と準備を進めていった。

秋になれば台風などの心配もあり、何としても7月の真夏には実行できるよう計画した。

引き揚げを報告するセスナ機が墜落事故

昭和54年（1979年）7月14日午前10時に、引き揚げ決行を決めて発表した。

丁度10時に、引き揚げ開始できるよう準備ができ、藤田サルベージの巨大なクレーン船「剣山号」を、定位置に待機させている。

先ずは紫電改を支える特別な枠組みをダイバーたちが海底に運んであった。海底での作業を終えたという知らせが届いたところで、海上での紫電改の引き揚げが始まった。

機体が徐々に海面に近く浮き上がってきたとき、愛媛放送株式会社・報道制作局の放送記者など、3人が乗ったセスナが現場に駆け付けた。

ところが、セスナ操縦のパイロットは少し遅れての到着に焦ったのか、機体をコントロールできずに、そのまま急降下で海面に激突してしまったのだ。

あっという間の出来事であった。パイロットとカメラマンとその助手の３人が即死だった。

ホバーリングで待機し、海面まで引き揚げたところを撮影してくれていたらと、後悔と悲しみだけが私の心を鷲づかみにしていた。

藤田海事工業株式会社にとっては、半年余りもかけて入念な調査と準備を進めてきていた。

模型をつくり、計算した上での、引き揚げる際の機体の重量や海水も含めて耐えられる基礎枠をつくって備えた。

他の報道関係の人々や、地元の漁師さんたちの協力も得て、皆の期待も大盛り上がりの一大イベントになる筈だった。

３人もの命が一瞬にして海に消えた。お祭りどころではなくなり、ひっそりと作業を続けるしかなく、悲しい事故のあとは言葉もなかった。

その後、私たちは粛々と作業を進めた。

また一方の３人の遺体を揚収して、破壊されたセスナの後始末もした。嬉しい楽しい筈の引き揚げ作業が、セスナの事故で辛く悲しい作業になってしまった。ほんとうに辛かった。

新聞紙上でも事故のことのみが、大々的に報道されていたので、悲しい事故としてだけの印象になってしまっていた。人の命が失われたのだから当然とも言えるが、切ない気持ちだけが尾を引いた。

紫電改は宇和海展望タワーに恒久平和を願うシンボルとして展示

紫電改は無事に、いやいや見事な状態で引き揚げられて、トレーラーに載せられて、馬瀬山山頂まで運ばれた。

長年海の中にいた紫電改は、フジツボに覆われていたため、関係者の皆さまと一緒にきれいに取り除いていった。

水できれいに潮を洗い落としていった。

復元できるところは修復されて、新たに塗装もされて、現在は宇和島市にある。南レク株式会社の管理のもと、南宇和郡の宇和海展望タワーに恒久平和を願うシンボルとして展示されている。

終戦後34年を経過しているため、機体の損傷はたいへんなものだろうと想像できたが、思いのほか完璧に近い機体が揚がってきたのには、感無量であった。

静かに揚がってきたときは感動で胸がいっぱいになった。

紫電改は当時の最新鋭の戦闘機

紫電改は、零戦の後に開発された最新鋭機であった。

昭和19年（１９４４年）から20年にかけて8か月の間に、鶉野にあった川西航空機の組み立て工場で、46機が組み立てられた。

国家的大作戦の紫電改への期待は大きかったのだろうと、今思う。

紫電改の詳細
全長　　９・３４メートル
主翼　　11・９９メートル
高さ　　３・９６メートル

重量　　４８６０キログラム
時速　　６２０キロメートル
エンジン　２０００馬力
機銃　　20ミリ固定銃・四挺
機体の色　緑色に日の丸

この当時の最新鋭の戦闘機だったといわれている。

今回、私の監督のもとで、今までのサルベージ技術を結集して引き揚げられた紫電改は、日本国内に唯一現存する1機となった。

たいへん高度な操縦技術を持ったパイロットにより、戦闘で傷つきながらも海面上に静かに不時着したと考えられている。そうでなければ紫電改が海底で34年もの間、壊れずに居られた筈がないからだ。

敵機の攻撃でできた穴もあることから、決して無傷で不時着したのではないことがわかるので、恐ろしいほどの沈着冷静なパイロットだったことは確かだ。

さまざまな当時の資料を読むと、零戦のパイロットも紫電改のパイロットも、アメリカの戦闘機のパイロットが震え上がったといわれているように、敵機に向かう勇気と機銃の命中率は桁違いだったという。

訓練の賜物か、それとも国を守るという使命感からなのか。

戦争に負けてしまったのだから、何をいっても愚痴になる。

紫電改引き揚げに責任者として携わる

私自身が、この紫電改引き揚げに、計画を立て緻密に計算をして取り組んだので、責任者として携わった大きなサルベージ業だった。

パラオ諸島の引き揚げ作業や、ダーウィン港の艦船引き揚げ作業は、父の元で主には酸素をつくり続けることが私に与えられた業務だったので、紫電改の引き揚げは、特別な感慨があった。

紫電改の引き揚げを前向きに取り組み始めたときから、父はとても心配だったらしく、私に大丈夫かと何度も聞いてきた。私は問題ない大丈夫、立派に成功させてみせるからご安心くださいと丁寧に伝えた。

それでも親に心配をかけていることは事実で、申し訳なく思ったので、その分一生懸命取り組んで成功させ、親孝行の一助になればと考えた。

しかしながら、愛媛放送のセスナの事故が同時だったので、引き揚げ大成功のお祝いには至らなかったことが残念である。

あんなに楽しみにして取り組んだ大事業、返す返すも残念な結果になった。

日本国内には引き揚げたこの1機のみの現存だが、アメリカ合衆国には、次の3機が現存する。

ペンサコーラ海軍航空基地内、国立海軍航空博物館の1機。

ライト・パターソン空軍基地内、国立アメリカ空軍博物館の1機。

スミソニアン博物館の、国立航空宇宙博物館、別館の1機。

「ありがとう」「行ってきます」の言葉を添えて飛び立った若者たち

その引き揚げた紫電改については、心温まる物語があった。

連合軍「第五十八機動部隊」が、日本海軍呉軍港を爆撃した。

このアメリカ軍を中心とした連合軍を、迎撃したのが大日本帝国第三四三海軍航空隊の剣部隊の若き戦闘機搭乗員たちだった。

残存兵力は、僅か紫電改21機、圧倒的多数の敵機に対して、この兵力で絶望的な戦闘を果敢に挑み、アメリカ軍機を16機撃墜した。

しかしながら、同時に6名の紫電改搭乗員を失う結果になった。

その6名は、

海軍大尉　鴛淵　孝（25歳）長崎県出身
海軍小尉　武藤金義（29歳）愛知県出身
海軍上飛曹　初島二郎（22歳）和歌山県出身
海軍上飛曹　米田伸也（21歳）熊本県出身
海軍一飛曹　溝口憲心（21歳）広島県出身
海軍二飛曹　今井　進（20歳）群馬県出身

全搭乗員が20代の若者たち、今井飛曹はまだ20歳の若さだった。4名は特に若く、21歳が2人、22歳が1人だった。

この6名の中の1人が、私が引き揚げた紫電改の搭乗員だったと思うのだが、今となってはどなたかはわからない。海軍当局も当時からこの6名を共に慰霊しているようであった。

紫電改は、もともとの紫電の改良型で、紫電には多くの欠陥部が見つかり、戦闘機としては役に立たないということで改良が必要だった。

そこで大日本帝国軍部は、戦闘機の開発を急げとなったのだろう。

最新鋭の紫電改が開発されて、連合軍に立ち向かうことになったが、如何せん戦闘機の数が、桁違いであったのだ。

もう少し早く紫電改が開発されていればという、戦時中の紫電改のパイロットによるコメントが載っていたが、やはりあの太平洋戦争を長引かせた大日本帝国軍部の責任ではないだろうか。

いずれの戦闘機のパイロットたち、零戦も、紫電改その他いずれにしても自身の命をかけて飛び立って行った。

飛び立つ若者たちは皆、家族に「ありがとう」の感謝と、「行って参ります」の、言葉を添えて！

【海中の紫電改】

【引き揚げを報告する、セスナ機の墜落で捜索する人たち】

【剣山号のクレーンで引き揚げられた紫電改】

【宇和海展望タワーに恒久平和を願うシンボルとして展示】

第5章

シドニー・メルボルン・ダーウィンでの作業
父・柳吾から受け継いだもの
そして、艦船の引き揚げから学んだ
酸素の重要性

ダーウィン湾での引き揚げ作業のあとも、豪州との良好な関係は続きました。

昭和36年（1961年）、帰途の船旅

アララッド号以下、オーストラリア海軍の退役駆逐艦、掃海艇など9隻の払い下げを藤田サルベージが受けた。

アララッド号の修復のため日本から技術者を呼んで、シドニーにて修復を終え、2隻の藤田サルベージ船とともに、アララッド号も含めて曳航しながら帰りの途中であるダーウィン湾へ向かう。

ダーウィンで待っている私も含め、120名の作業員全員が乗船して、おおよそ2年半にわたるオーストラリアでの引き揚げ作業を終了して帰国できた。

帰りの旅は皆、大事業をやり遂げた満足感でいっぱいであったから、今思い出しても最高に楽しい帰途の船旅だった。

昭和38年（1963年）、シドニー湾のサルベージ

ワラムンガ号、クォードランド号、退役駆逐艦2隻の払い下げを受け、再び日本からサルベージ船でシドニー湾へ向かう。1年半前に続く軍艦の払い下げである。

藤田のサルベージ業が、オーストラリアの国内で高く評価されてのことだろうと、私は思っている。

世界中を探しても現在の藤田海事工業株式会社のような仕事のできる、サルベージ会社はないだろうと私は自負しているから、オーストラリア政府からの依頼は当然のことと言えるだろう。

流石に、横倒しに沈んでいるブリティッシュ・モーターリストが、浮上と同時に真っすぐに起き揚がったのは、見ているオーストラリアの人々にとって、神がかりの奇跡に見えたに違いないから、その印象は強烈だったろう。

昭和47年（1972年）、引き続きシドニーでの作業

過去2回に続きシドニーでの作業となった。

トブルク号、キブロン号の2隻をシドニーで払い下げを受けました。

それからメルボルンにて、クイックマッチ号、ガスコイン号の2隻を、いずれも退役駆逐艦で、合計4隻の払い下げを受けた。

ロールスロイスでシドニーとメルボルンを往復

シドニーとメルボルンの往復は4回にも及び、丁度買ったばかりのロールスロイスで、シドニー・メルボルン間をヒューム・ハイウエーを走っての往復だった。

以前に父は、ロンドンでロールスロイスを買おうとしたそうだが、余りに高額過ぎて諦めていた。シドニーで買えて大喜びだったたと思う。

もちろん運転手は私だったから、父と2人のたいへん貴重な時間を過ごしたロールスロイスでの旅だった。

ヒューム・ハイウエーをロールスロイスで、けっこうなスピードで走り抜ける私たち親子は目立っていたことであろう。恥ずかしいような誇り高いような、父との思い出である。

おおよそ半年で、シドニー・メルボルンでの作業を終えて、払い下げ船はいずれも日本へ回航し、当社にて解体処理をした。

労働組合の力が強いオーストラリア

先にも触れたが、これらのサルベージや解体の受注には、シドニー・メルボルンをはじめ港湾労働者の猛反対が発生してしまった。

労働組合の力が圧倒的に強い労働者の国、オーストラリアだから当然ではあったが、だからと言って、沈没船の引き揚げ業務や、解体業務を労働者たちができるかというと、否であった。

それでは藤田サルベージが受注しなければ、何処か他の会社ができるのかといえば、これも否であった。労働者組合も悔しいが任せるしかないことはわかっているから、首を縦にふるしかなかったのだろう。

技術者を国の宝として敬う国

国民性の違いもあって、一概には言えないが、国の成り立ちの違いだろうと思われる。稲作を中心にした日本には長い歴史がある。

自然に左右される稲作だが、その自然にも立ち向かって勤勉に努力してきたから、あらゆる方面での今の技術があると私は思っている。

世界中に技術者を国の宝として敬う国があるだろうか。人間国宝（重要無形文化財の保持者）と呼ばれる技術者たち、伝統芸能の分野（歌舞伎や能など）、また陶芸や染色、漆芸などの伝統工芸、金をふんだんに使った京都迎賓館などは金芸術の最高峰、ありとあらゆる分野の人間国宝の存在、こんな国は他にはないだろう。

日本人の精神を身につけた1人

反対にオーストラリアの国の成り立ちは、全くの反対ともいうべき、イギリスやアイルランドからの囚人の流刑地として始まった経緯がある。もともとの住人であるアボリジニの人々の悲劇がこのときから始まったのだ。

今から60年ほど前まで、アボリジニの人々は人口にも数えてもらえず悲しい歴史である。当時、ヨーロッパ諸国は、東へ東へと先住民の生活を破壊して、奪えるものはすべて奪ったうえで植民地にしていったのである。

私が言う国の成り立ちの違いとは、僅かに二百数十年の国の歴史は比べようもなくて、またそのギャップも大いにあるなと思う。

こんなに違う歴史を背負った民族が、サルベージ作業の様子を通してお互いにわかりあえるのだ。サルベージ業を行う側の藤田サルベージ作業員と、見る側の埠頭で座って眺めている見学者たち、この空気感から感動が伝わってくる、まさにそんな光景である。

【当時のクレーン船としては巨大、大活躍した】

【クレーン船上の作業員たち】

強いていうなら、日本人の真骨頂か。

この業務後に経験する紫電改の引き揚げ（後述）でも、基本的にその引き揚げ位置になる海に、仕事に見合った船、剣山号で準備した。

そしてあらゆる可能性を考えて、試験をして研究を重ねて備えたのである。こういった努力もまた日本人の真骨頂だと思うのである。

私も有難いことに、その日本人の精神を身につけた1人であるから、徹底的に考えるし努力もする。

本格的な活躍の場を得た私

藤田サルベージの仕事は、ダーウィン湾の引き揚げ作業後は、日本国内での沈船処理など、主に古い船を買って解体しスクラップにしていく仕事となり、次第に大きな事業はなくなって行った。

そんな中での大事業と言えるものが、昭和54年（1979年）7月14日に実施された、愛媛県宇和海の久良湾での紫電改の引き揚げである。

この引き揚げはすべての責任を任された私の監督のもとで行われたから、引き揚げ自体は何の問題もなく終了した。悲しいセスナの事故を除いては。

父が２社の社長を辞任して以降の主な事業を、松山酸素株式会社へと移行したことで、私は本格的な活躍の場所を得たと思った。

それ以前のことについていえば、大阪酸素に見習いの形で就職し、技術を学び経験を積んでいった。当時は大阪酸素のほうが日本酸素より技術が上だとの評判を得ていたので、私は迷うことなく大阪酸素を選んで入社した。

一生懸命学んだ。もしかしたら学びそのものは、学生時代よりも真剣だったかもしれない。

この大阪酸素へ就職する前、２年余りの間、日本酸素に見習いで修業をした時期があるのだ。その後直ぐにパラオ諸島とダーウィン湾での引き揚げ作業となった。

何度顧みても、父が決断して向かったパラオ諸島や、ダーウィン湾での引き揚げ作業の奇跡に近いほどの結果で、世界を唖然とさせたのも、決して偶然ではなくて準備周到に計画されての実行だったのだ。藤田柳吾の肝のすわった真骨頂だといえよう。

松山酸素に戻ってきた私は、「高圧ガス乙種の機械」の免許取得への勉強をして合格した。大阪酸素での修業時代から３年後の29歳だった。これで名実ともに経営者の端に並んだのである。

平成20年、「松山酸素株式会社」の株式の50％を私が受け取り、兄に30％、姉妹２人にそれぞれ10％が決まった。その際にエアーウォーターとの合併が決まった。

根っからの酸素屋

私は直ぐにバルブの改良などに取り組んだ。そして研究試作の結果、以前に比べて、ガスや酸素の充填に著しく効果があることがわかった。

直ぐに特許の申請をし、特許庁より認められた。

この改良バルブのお蔭で充填時間の短縮は思っていたより効果があった。もともと私は藤田海事工業のパラオ諸島での引き揚げ作業の頃から、酸素発生装置を使って那智丸の艦で酸素をつくり続けた経験を持っていたので、根っからの酸素屋だったのかも知れない。

そんな酸素屋を豪語する私だが、聞くところによると松山酸素株式会社は、父が愛人のために始めた会社で、その女社長が闊歩する時代があったそうだ。もちろんダーウィンの艦船引き揚げの前の話である。

私自身は父のようにお酒にも、愛人のような立場の女性にも興味はないから、ほとんど反面教師のようにも思えるものの、そんな大袈裟な気持ちもない。

ただ仕事は好きだ。それと趣味がたくさんあるので趣味に没頭した時期もあった。今でも趣味はたくさんある。

趣味・ヨット

趣味としては、先ずは小さな物づくりから始まった。小学生の頃から男の子が好む船や飛行機などをつくって遊んでいたが、中学も高学年になるとヨットを普通につくり始めていた。

ヨットは育った芦屋に関係があるような気がする。芦屋は富豪の家が立ち並んでヨットが係留されているから、自然に興味を持っていったと思う。

お陰で私も中学を卒業する頃から、自分でヨットを造っていたから、ヨットはとても身近だ。大好きなジャズ音楽を聴きながら、ヨットで海に出てゆくと何もかもが爽快に感じる自由さがある。ヨットを愛する、海を愛する者の特権だろうね。

自身で設計をし、材料を探して取り組むヨット造りだが、古材を使って造るしか父から許可が下りないので、あるだけの知恵を使って工夫したからか、技術的にも進歩して満足の行くヨットが完成した。

完成したヨットで妹や友人を乗せて、神戸や淡路島などへ向かう。

風向きがよいときなどは帆だけで進めるし、パタと風が止むと帆をたたみエンジンをスタートさせる。

最初は慌てたりしたが、だんだんに慣れてくるとそういった変化も直ぐに対応できるようになり、益々ヨットは楽しいと思えるようになった。

岡本社長のこと

現在の松山酸素株式会社の岡本社長と知り合ったのは誠に僥倖としか言いようがない。やはりヨットだった。彼が大学生のときにはヨット部にも所属していたから、韓国の釜山から博多までのヨットレースに参加して、結果は10人のグループで初優勝をしてしまった。

岡本さんは大学でヨットを頑張っていて、2年の留年後に地元で就職したいとの希望を持って、24歳で松山酸素株式会社に入社したのである。

身体も大きくヨットで鍛えた瞬発力もあり、愛媛大学工学部で培った緻密な計算力などを考えると、我が社には勿体ない人材ではあったが、私はとても嬉しかったのである。

皆、都会へ出たがる傾向の中で、地元に残りたいと希望していたこともあり、ヨットの後輩の指導も担ってくれた。また愛媛国体では手伝いに行ったりして、彼らしい振る舞いであった。

社長に就任し新工場を造ったときから、趣味からはきっぱりと足を洗うと宣言しその通りにした。非常に潔い身の引き方に惚れ惚れた。

私が彼を尊敬し魅かれるところは、何と言っても正々堂々と主張できるところだろう。曖昧さがない。

昔から外国人に日本語にはＮＯはないのかといわれるほど、日本人は物事を曖昧にしてしまうと言われているが、岡本社長にはそれがない。

商談でもまっすぐ相手に向き合う姿勢は、相手までも正直にしてしまうようなところがあり、彼の人柄が出るようで、実に気持ちがよいのだ。

趣味・乗用車

次の趣味は車、乗用車である。最初私はドイツ車に乗っていた。そして父がイギリスで買えなかったロールスロイスを、軍艦を引き取りに行った昭和43年（1968年）のシドニーで、中古車なら税金がかなり免除されることを知り、代理店に行って、1970年度に生産された新車同様のロールスロイスを薦められて買うことになった。

そのときには、シドニーとメルボルンを行き来して軍艦の買い付けをしていたので、買ったばかりのロールスロイスが大いに役に立ったのである。父と一緒に私がヒューム・ハイウエーを運転して走り、買い付けの交渉に当たっていた。

ロールスロイスは、引き取った軍艦に載せて帰国することができた。

されど、不思議なことが起きていた。何故か父は税金を支払わないで買えたようだった。どうしてかは今もわからない。当時アメリカドルが365円だったのだが、オーストラリアはポンドからドル換算になったばかりで、日本円では1ドルが400円であったから、アメリカドルよりも高価であった。

あのとき、代理店内で売るほうも買うほうも動転していたのだろうか。2000万円ほどで買えたのだ。物凄く得をしたことになる。

帰国後は、ロールスロイスは松山でも大活躍してくれた。

お客様の送り迎えはもちろんのこと、友人の宝荘・宮崎社長の結婚式でも大活躍してく

【母の作品に見入る銑一郎氏】

れて、今でも忘れられない思い出になっている。

平成20年（２００８年）の新工場を建てた頃もロールスロイスでお客様の送迎をしていた。

他には、ドイツ車が多かったが、アメリカのキャデラックなども乗っていた。キャデラックは高知県のマニアが譲ってほしいというので譲った。

その方はきれいに新品同様にして、今でも乗っているという。ほんとうのキャデラックマニアである。

その後、私はイタリア車に興味を移し、マセラッティ社のＭＣストラダー、フェラーリ社のカリフォルニアＴに乗るようになった。

イタリアまで出かけて内装も自分の好きな色や皮を選ぶことができたので、満足して乗っていたが、少し気分を変えてみたくて令和2年（２０２０年）になって新しいものに替えてみた。

車の好きな人は、毎年新しい型に替える人も多いようだが、私は飽きると替えることにしている。

趣味・旅行

３つ目の趣味は、旅に出かけること。これは長年にわたって行き先を決めては実行している。

世界中出かけていたが、最近では新型コロナウイルスの蔓延により禁止された。世界中が困惑した時期であった。世界の中での統計では、毎日死者が何万人、何十万人にも達した。結局のところ世界でコロナ感染で死去した方々は、令和４年（２０２２年）６月の段階で６００万人を超えて、感染者は5億３９００万人を超えたという。デルタ株に比べオミクロン株の感染力が強く、瞬く間に猛烈な勢いで増え続けたが、最近になって少し感染者の数が減ってきている。もう既に、「コロナとともに」が普通になってきているようだ。

話を戻そう。私と娘の欣子で、以前から買っていたチケットでアイスランドにオーロラを観に行ったのが、令和2年（２０２０年）10月であった。

日本を出る際には問題なかったが、デルタ株だったのでまだおとなしい感染力だったようだ。

着いてからの隔離はわかっていたので、隔離を楽しむために、少し街中から離れた自然の中の宿泊施設を選んで宿泊した。

隔離はブルーラグーンでのシリカ温泉。オーロラも観れて大満足の旅となった。そのあとは親子と、妹の英子の家族などで沖縄へも行けた。沖縄は流石に南国だと思った。沖縄の離島の雰囲気は、もう日本とは思えないほど外国情緒満載であった。

令和4年（2022年）は沖縄が日本へ返還されて、丁度50年になる。半世紀が過ぎたのだ。思えばあっという間のように感じる。

残念ながら沖縄の後はオミクロン株の流行で、何処へも行けない日々が2年ほど続いて、漸く私たち親子でダーウィンを訪れることができたのである。

令和4年（2022年）5月17日、ゴールドコーストに到着して、あくる日にはシドニーの友人に会い、3日ほど一緒に過ごした。

その後は、タウンズビルの友人に会い、カンガルー島やグレイト・バリアリーフなどへ移動して、素晴らしい景色を堪能したあと、懐かしいダーウィンへ到着した。

6月5日の戦争記念教会のサンデーミサに出席して、懐かしいケビンさんにお会いし、父が寄付した十字架の付いた椅子にかけてお祈りした。たいへん感慨深い思いで祈った。

【のちに銕一郎氏により、芦屋からダーウィンへ移した墓石】

【ダーウィンの教会の前に建てられた墓標】

父のプロペラの墓標も数年前に、ダーウィンへ返して教会の前に建っているので、同じように手を合わせて祈った。

ブルームはかつて日本人による真珠貝採取ダイバーたちの町

そして私たちは楽しみにしていたインド洋側の町、真珠貝で有名なブルームに到着した。日本と全く違った景色に圧倒された。色の美しい遠浅の海も、ある一定までゆくと突然深くなるようで海の色が変わる。

インド洋に沈んでゆく夕陽、特にケーブル・ビーチからの眺めは、世界中からプロのカメラマンが、カレンダーの作成のための撮影に来るのか、たいへんな賑わいである。私たちも皆プロのカメラマンになったかのように、皆カメラを構えて、まさに海に沈んでゆく輝く太陽を撮っている。

されど、その光景は美しいのだが、何とも儚げで、思わず胸にジンとくるものを感じた。

ブルームは日本人にとって歴史的な町である。明治時代から多くの若者が真珠貝を採るために移住した時期がある。

当時のダイバーは命をかけて海底へ潜るわけだから、その報酬は日本へ送金すると軽く家が建ったというくらい、皆稼ぎまくったと書いてある。

日本の家族に送る必要のない若者たちは、ハリケーン・シーズンには休みになるので、東南アジアへ遊びに行き大豪遊をして使ったそうである。

一番多い時期には日本人町の人口は２０００人にも達し、日本人病院もできていたから、京都大学から医師が5年で交代しながら、潜水病や人々の健康維持のため病院での医療を担ってくれていた。

残念ながら潜水病で亡くなるダイバーも多く、未来ある若者の死はやはり心に堪える。

真珠貝の採集ダイバーたちは、どうしても多く集めたいから無理をしてでも深く潜ってしまう。

深海からの帰還はよほど深い場合は、再圧チェンバーと呼ばれる装置に入る必要がある。

それほどの深海でない場合は時間をかけて横に移動しながらゆっくりと浮上し、最後の5～6メートルまで上がるとしばらくは、そこに留まることが大切になる。

それほど危険な仕事だから皆大金を手にしたわけだ。

潜水病だけがダイバーたちの命を奪った訳ではなくて、最も多かったのが季節ごとに襲い掛かるハリケーンだった。凄まじい風や波が、船や家や人間までも薙ぎ倒していった。

もちろん日本人だけでなく地元の人々も例外なく襲われて命を失った。たいへんな時代であった。

ブルームには日本人墓地が、笹川氏の寄付で整備されていると聞いているので、何時の日か尋ねてみたい。１０００人近い人々が眠っているという。歴史の一端ではある。

真珠貝は大きな物では直径が40センチにもなった。厚みもあるのでかなりの重さがあった。

これらの真珠貝は香港を経由して主にイギリスへ運ばれて、宝石になったりしたが、多くは洋服のボタンになった。

当時は洋服のボタンは、ほとんどすべてが真珠貝でできていた。今日では真珠貝のボタンの洋服を着ている方がいれば、よほどのセレブだろう。

大きく変わったのはプラスチックの登場によってであった。プラスチックボタンは色も豊富で安く大量に工場でできてしまう。高級な物もあるのだろうが、一般には安物である。

もうひとつの変化はミキモトが真珠の養殖を開始したことだ。天然真珠は稀に海から揚がるが、無いに等しいため、真珠養殖がブルームでも盛んになったため、真珠貝のダイバーは職を失ってしまった。

されど、日本人ダイバーはいなくなってしまったものの、ブルームにおいても真珠の養殖はとても盛んに行われている。

松山から南へ行った宇和海では、真珠の養殖が盛んだし、世界に出しても誇り高い真珠の生産が続いている。

ダイヤモンドなどの天然石の宝石も素晴らしいが、真珠のネックレスやイヤリングは何と言っても品格があり、日本人にはよく似合う。

葬儀などの正装の場所にも、真珠のネックレスは妙に似合っていて不思議な宝石だと思う。

艦船などの引き揚げサルベージのダイバーたちも、深い海へ潜るときは宇宙服のような潜水服を着て潜るので、陸上からの合図でゆっくりと上がってくるのだが、船の上で綱とパイプを持って指示する側は緊張の連続である。

東北の三陸海岸のダイバーたちはたいへん優秀だ。藤田サルベージでも多くの潜水夫が三陸の出身だった。特段の信頼を皆から受けていて、私も彼らの技術の高さには、同じ技術者として尊敬している。

真珠貝の復活の日は来るのか

世界（地球）は、何処まで変わってゆくのか、今ではそのプラスチックが問題になって、どのようにしてプラスチックを減らしてゆくかと、人々はさまざまな工夫を始めている。スーパーマーケットで使われていたプラスチックの袋は、もう既に廃止されていて、お客は自分たちの家から袋を持って、スーパーマーケットを訪れるのである。

マクドナルドやケンタッキー・フライド・チキンのお店でも、スプーンやフォークは今や木でできたものが使われている。そのうち木がなくなり、レストランでも自分で使うナイフやフォークを自宅から持参ということになるかも知れない。お箸などは常時カバンに入れておく時代になるのか？

何時かまた、真珠貝のボタンが復活し、私たちの洋服のボタンが真珠貝になる日が来るかも知れない。考えるだけで楽しいではないか。

オーストラリアが大好きな私と娘

娘と2人でオーストラリアを旅していると、思い出もあり、友人たちにも会える。何と言っても昭和20年代から、オーストラリアで艦船の引き揚げ事業をしてきた私の仕事場だったオーストラリアは、故郷のようなものだと思っている。

娘もダーウィンをはじめオーストラリアが大好きなので、一緒に旅して楽しくて仕方がないようだ。食べ物も日本にはない雑さも手伝って面白く、大満足のカフェやレストランの食事を楽しんでいる。

シドニーから訪ねてくれた友人が、タピオカを知らないと言うので、早速娘が買いに行ったらしくて、嬉しそうにテイクアウトをしてきた。

友人は大喜びだった。タピオカの名前は聞いたことはあるが、食べるものか、飲むものなのか、それとも着るものかはわからなかったらしい。

タピオカは、南アメリカのペルーが原産とも言われている。芋の一種の根茎から加工するらしいので、私にははっきりとはわからないものの、友人にはタピオカを堪能してもらった。

娘・欣子

少しだけ娘・欣子のことも触れておこうと思う。私の宝である一人娘だから大切に育ててきて、今では若さを失わない素敵なレディーになっている。私の誇りの娘だ。

英語が得意なこともあり、外国語が習いたいことなどを鑑み、松山を出て東京の国際基督教大学（ICU）へ進んで卒業した。

卒業後は、三井住友銀行へ入行した。以来銀行を渡り歩いた銀行マン人生の始まりであった。

三井住友銀行時代に一度結婚をしたが、自力で物事を開拓してゆく欣子には物足りなかったのか、価値観の違いが大きかったのだろう、直ぐに別れてしまった。

以来、キャリアウーマンとして溌溂として職業に就いている。

何処で何をしても、見事にその中に入り込みグループの一員として楽しめる能力には恐れ入ることもある。海外でも同じようにその場所に違和感なく入り込み、したがって言語までも欣子についてくる感じがしてならない。

だから当然、そこで語られる言語も彼女には違和感なく入れるのだろう。もちろん本人の努力なしでは成り立たないけれど。

私からみて、言語も自然に生活の一部のように身につくのか、何処へ行っても直ぐに、その社会の一員として違和感がない。これは尋常ではない能力だと思う。

【ヒルトンホテルでインタビューを受ける銑一郎氏と欣子氏】

時々耳にするのは、日本人は最低でも6年は学校で英語を学ぶが、英語が話せる人は稀だという。不思議な事実である。

三井住友銀行は3年で退職し、次にＢＮＰパリバ銀行に4年ほど勤めた。次には、シティ銀行 Citi Group Private Bank（シティ・グループ・プライベート・バンク）に5年ほど勤めた。

4番目の銀行はドイツ証券で働いた。ここは短くて1年余りで辞めた。5番目の銀行は、三菱ＵＦＪメリルリンチＰＢ証券にて3年程勤めた。足掛け20年余りをバンカーとして勤めあげたのちは、銀行とは縁のない職業に興味を持ち始めたようだ。

欣子は英語はもちろんのこと、フランス語、イタリア語、中国語など日本語を加えると五か国語を話すので、海外でも問題なく暮らしていた。

一番気に入った銀行は、東京で開行した Citi Bank だったらしいが、東京での銀行業務を閉鎖してアメリカへ撤退してしまった。物凄く残念だったろうと思う。

得意な言語を駆使して、世界通貨への挑戦は面白かっただろうと私も想像がつくが、最近は銀行から遠ざかり、これからの道を模索しているのだろう。

欣子の海外への旅

欣子の人生で海外への旅は普通のことらしく、イギリス、アメリカをはじめ　フランス、デンマーク、アイスランド、オーストリア、スウェーデン、イタリアなどヨーロッパ諸国はほとんど訪ねているようだ。

イタリアは好きな国のようで３回も訪ねている。何故かドイツには行っていないという。オーストラリアなどのオセアニア、東南アジアのインドネシアなどにも脚を運んでいるようだ。

高校生のときには1年間オーストラリアのニューサウスウェールズ州のご家庭に留学生として滞在した。得意の英語が役に立ったことだろう。

グアムには観光で２回ほど行ったらしいが、又、機会があれば行ってみたいとも、言っていた。

エジプトにも行っている。ナイル河を下る船の旅はよほど印象に残ったようだ。有名な小説家で誰もが知っている作家のアガサ・クリスティーの部屋が残されているホテルにも宿泊したようで、思い出がいっぱいの旅となったようだ。サマルカンドブルーには興味があり見てみたいと言うから、何時か見に行くのかな?

珍しいところではキューバへも訪問している。キューバは思いのほか人種差別、男女差別があって驚いたようである。

もちろんハワイは何度も行っているし、親子でも親戚の人たちともよく行くが、ワイキキはあまり興味がない場所である。やはり自然がいっぱい残っているところは素敵だと思う。

平成27年（2015年）には、私たち親子と妹の家族皆でハワイ島に行き、いろいろチャレンジして楽しい時を過ごせた。

京都と沖縄が大好きな欣子

日本国内では、京都と沖縄が大好きだと言っている。京都の街は歩いているだけで楽しい、さまざまに興味深いものが目につくという。天皇家が東京に移るまでは首都だった歴史のある街ということもあり、欣子にとっては魅力のある街なのだと思う。京都は中学や高校で修学旅行に行くことも多いが、やはり大人になって自由に訪ねるのとは、かなり違って見えるようだ。

京都の魅力は、歴史の匂いと戦争で焼けなかったさまざまな古い建物が残っていること

【沖縄旅行で、沖縄の伝統民族衣装を着た銕一郎氏と娘の欣子氏】

だろう。木造の家屋が壊れないで残っていることも奇跡のように思えるが、それだけ手入れがされているのだろう。

そして沖縄は特別に好きなようだ。日本とは思えないエキゾチックな感じがよいのかも知れない。令和４年（２０２２年）は沖縄が日本に返還されて、丁度50年、記念すべき半世紀となる。

沖縄の人々にとっては、日本もアメリカも沖縄で暮らしていて、違和感のない両国になるのかも知れない。ここにも歴史を感じることができる。

日本の都道府県はほとんど行っているが、何故か鳥取県と島根県には未だ行っていない。大和朝廷に対抗できるだけの武力を持っていた出雲の国、出雲大社を中心に結束していた、「いにしえ」の時代に思いを馳せて是非訪ねて欲しい。

コロナ禍の今、欣子と2人で生活

コロナ禍、東京から帰郷していた欣子と暮らすことになった。したがって今では親子2人だけで気を遣うこともなく、日々快適な生活を送っている。沖縄への旅も、今回のオーストラリアへの旅も一緒に過ごしているが、楽しくて嬉しい日々だ。

また彼女の好物は肉料理と、何故かトウモロコシなのだ。そう言えばレストランやカフェではよくステーキなどを注文している。私も肉料理は好きだから、その辺は気が合うので嬉しい。

また欣子は友人も多く、高校時代の友人、大学時代の友人に銀行員の頃の友人と、ずいぶんと幅広く友人関係も保たれているようで、時間のあるときなど、友人たちと人生を謳歌してもいるから、私は安心しているし応援もしていきたい。

私は若い頃からジャズが好きでよく聴いている。高校生の頃には大きなスピーカーをつくってジャズや洋楽を聴いて楽しんだが、欣子も音楽は大好きなようだ。

特にロックが大好きで、高校生の頃からイギリスのロックグループの歌を嬉しそうに聴いていた。高校生の時、1年間の海外留学で鍛えられた英語力と、同時にロックの歌にも嵌まったようだった。

松山酸素の顧問を務める私

現在の私は、松山酸素株式会社の顧問をしている。週に3回ほど午前中に作業着を着て会社へ出社していて、書類を見たり、これといったことはしていないが、このリズムがよくて気に入っている。

先にも述べたように、社長がしっかりとしているので、私は必要ないのだが、自分のリズムとして会社へ行っている。何か起きたときの相談になればと思うから、常に現状の把握がないと困るだろうと、自身に言い聞かせてはいる。

松山酸素株式会社は、昭和32年（１９５７年）に父が創業した。兄がその跡を継いで、平成20年（２００８年）から私が引き継いだ。また平成30年（２０１８年）からエアーウオーターとも合併事業をしている。

平成９年（１９９７年）には、他社からのガス供給に頼らない経営を目指して、自社プラントによるガスの製造を開始し、平成20年（２００８年）には、二号機となる空気液化分離プラントを増設した。

これは地域のガス事業所としては、稀な試みであったが、この自社プラントによって、製造から販売までのすべてに責任を持ち、一貫した品質管理を行うことで、より一層の安心と安全をお客様のもとへお届けすることが可能になった。

私たちは、普通に空気のことを酸素と言ったりしているが、大気中の空気は、78％の窒素、21％の酸素、そして微量の炭酸・アルゴン・水分等からできている。

この空気をプラントに取り込み、炭酸や水分などの不純物を吸着ユニットにて取り除き、熱交換器で冷却して液体空気にする。

窒素の沸点（マイナス１９６℃）と、酸素の沸点（マイナス１８３℃）の違いを利用して、先に蒸発してくる窒素ガスを取り込み精製、再液化を行った後で液体窒素を取り出し、残った液体を更に精製して液体酸素として取り出す。

生成時に発生した窒素ガスは抜き取られ、循環窒素圧縮機により圧縮、冷却、膨張され液体窒素となり、熱交換用に利用される。

取り出された液体酸素及び液体窒素は、二重殻真空断熱貯槽（コールドエバポレータ）へ貯蔵される。貯蔵された液はそのままタンクローリーで出荷されるか、ボンベに充填されてお客様の元へ出荷される。

私たちが普段目にする、または学校で習うガスは、水素（H_2）酸素（O_2）窒素（N_2）アルゴン（Ar）二酸化炭素（CO_2）アセチレン（C_2H_2）ヘリウム（He）プロパン（C_3H_8）プロピレン（C_3H_6）エチレン（C_2H_4）メタン（CH_4）ネオン（Ne）クリプトン（Kr）キセノン（Xe）こんな感じになるだろうか。

空気中の酸素が今より多くなったらどうなる

私はふと想像することがあった。もし空気中の酸素が今より多くなって、恐竜時代のようになったとしたら、私たち人類はもちろん動物たちは皆、恐竜サイズになってたいへんなことになるだろうと、バカバカしいが酸素製作装置を使って、那智丸の艫で酸素をつくっていた頃、艦船引き揚げの作業中に暑さに朦朧としながら考えたことがあった。

そんなバカバカしい空想も一瞬ではあるが、スーと心が恐ろしさで冷えて暑くなった頭と身体が現実に戻ったりした。

松山酸素の経営は順調

松山酸素株式会社からは、病院、診療所、在宅医療関連企業、大学や研究室、鉄工所、造船所、ガス関連企業、消防署、消化設備関連企業、リゾート施設、飲食店、家庭などへ必要なガスが届けられている。

タンクローリーを合計6台所有しているので、空気液化分離装置による酸素、窒素の自社生産により緊急時、災害時でも対応できる備蓄量があるので安心ではある。

こんな風に、松山酸素株式会社が地元に密着したサービスを提供できることに、誇りを持っているし、働いているすべての人たちが幸せであることを願っている。

松山酸素株式会社の経営は、代表取締役社長・岡本治により健全かつ順調な経営を行っていることが嬉しい。

サルベージ業の厳しさとその重要性

サルベージ会社の「藤田サルベージ」が、世界中から集めてきた鉄が戦後の日本の復興を支えたことを、私は繰り返しお伝えした。

父の勇気ある決断と実行力で、先ずは日本国内の端から端までサルベージしたのち、世界へ踏み出した父の覚悟とその結果としての偉業は、読者の皆さまに理解していただけると信じている。

また父の跡を継いだ私もまたサルベージ業に誇りと情熱を捧げてきた。

戦後の難事業を日本人の誇りを持ってやり遂げたオーストラリア・ダーウインでの引揚げ業務をきっかけに始まった、信頼と親善のよい関係が引き継がれてゆくであろう。

私自身は父とともに引き揚げ艦船の2年半の滞在を含めて、16回ほどダーウィンを訪ねた。ダーウインはオーストラリア最北端の準州都だ。

どうか読者の皆さまも機会をつくってお訪ねいただけると幸いである。

以上が私・藤田銑一郎より読者の皆さまにお伝えできる全てである。サルベージ業の厳しさと、その重要性を感じていただけるならば、この上なき喜びである。

在シドニー日本国総領事の紀谷昌彦氏の記録

先にも述べたが、令和4年（2022年）6月に娘の欣子とともにダーウィンを訪れることができ、そのおかげでダーウィンを管轄する在シドニー日本国総領事の紀谷昌彦氏とも初めて直接お会いすることが叶った。

紀谷氏は今回で8回目のダーウィン訪問とのこと。3年間の任期が終わり9月には帰国となるため、当地で携わった藤田サルベージ社との交流について、紀谷氏の文章から抜粋してここに記す。

ここからは、紀谷氏の記録として載せるため、主語の私は紀谷昌彦氏となる。

令和4年（2022年）6月、藤田ファミリーが、コロナ後に初めてダーウィンを訪問予定だったので、その時期に合わせてダーウィンに出張した。

6月6日に藤田銑一郎氏とご令嬢の欣子氏とお会いすることができ、北部準州豪日協会（AJANT）会長のショウ由美子氏と、戦争記念教会のケビンさん、ローレンさんにも同席いただきお話をお聞きした。

お話の内容は次のとおりです。

昭和35年（1960年）　ダーウィン戦争記念教会開設時に、藤田柳吾社長は、沈没船から引き揚げた金属のブロンズを使って、77個の十字架を鋳造し寄贈した。

昭和50年（1980年）代　欣子さんが16歳のとき、シドニーに1年間留学生として滞在し、祖父の足跡を辿ってダーウィンを訪問した。

平成21年（2009年）　藤田サルベージ社の所有する資料を、北部準州公文書館（Northen Territory Archives Centre）に寄贈して式典を行ったときから、交流が特に活発になった。

平成22年（2010年）　藤田ファミリーは戦争記念教会50周年行事に出席した。

平成25年（2013年）　藤田ファミリーはダーウィンを訪問した。

平成29年（2017年）

ダーウィン空爆75周年に際して、藤田ファミリーは、沈没船のスクリューからつくられた墓標を、戦争記念教会に寄贈頂く。戦争記念教会の77個の十字架からスクリューの墓標寄贈に至る60年以上の和解と交流歴史を基盤に、藤田ファミリーと連合教会は今後もいい関係が続いていくだろう。

平成30年（2018年）

11月16日、日本から安倍晋三首相がダーウィンを訪問した。オーストラリアのスコット・モリソン首相とともにイクシスLNGプロジェクト稼働開始記念式典に出席した。

安倍首相は、その際に行った演説の中で、藤田サルベージの貢献を高く評価し十字架を寄贈したエピソードに言及して、サルベージはサルベーション（魂の救済）をもたらした、昔の敵は今や最高に信頼できる誠実な友となった、と締めくくった。

令和元年（2019年）

藤田ファミリーはダーウィンを訪問した。この年から新型コロナ感染の影響で訪問は成らず、おおよそ3年後に訪問が叶った。

令和2年（2020年）

8月15日、モリソン首相はキャンベラの国立戦争記念館で開催された第二次大戦75周年記念式典の式辞で、藤田ファミリーの戦争記念教会への十字架寄贈と、平成30年（2018年）11月の日豪両首相によるダーウィン戦没者慰霊碑で献花に言及し、かつての敵は友になったと述べた。

令和4年（2022年）2月、ダーウィン空爆80周年、関連行事に自分（紀谷）は出席することができた。

今回の私のダーウィン訪問で、改めてダーウィンにおける藤田ファミリーの功績を強く認識した。藤田ファミリーの貢献で日豪間の友好と信頼が纏まり、両国の良い関係が発展していることに、改めて尊崇の念を心に刻んだ。

在シドニー日本総領事　紀谷昌彦

2022年8月24日

おわりに　藤田サルベージとの出会いはダーウィンで立ち寄った図書館だった

成し遂げられた偉業に魅了されて、ウキウキとした気持ちで取り掛かった物語だが、余りにスケールが大きくて圧倒されてしまった。

できる限り事実をまとめたが、命をかけて海底から引き揚げる艦船の鉄を、戦後の日本国には必要な鉄だったと想像できる。

もちろん筆者自身は戦後生まれで、日本の焼け野原を知らない。が、さまざまな書籍から戦後の混沌とした時代はわかるような気がしている。

筆者は海外に暮らして40年ほどになる。本書取材のためダーウィンへ飛んだ。北を眺めると、僅か4時間で羽田に着くことを考えてしまう。

「あらっ、近い日本が！」

「藤田サルベージ」の本の執筆で六冊目となる。いずれの本も日本とオーストラリアを繋げる内容の本になっている。

最初、平成18年（2006年）は体調を崩してしまったために自信をなくしたこともあって、オーストラリアで生きた証を残してみたくなり、筆者が携わってきたオーストラリアの教育事情を書いた。

そしたら何と生き延びてしまったので、平成27年（２０１５年）にオーストラリアで稲作を始めた侍の話「穣の一粒」を、その後はブルームの真珠の町で生きた日本人などを主人公にして著してきた。

今回はダーウィンの街の図書館で見つけた「藤田サルベージ」の偉業を伝えたい。今までの著作でも取材は熱心にしてきたが、今回は私に経験のない分野での取材で最初から緊張を強いられた。偉業を成し遂げた藤田家を著す。そして日本とオーストラリアを繋ぐものをしっかりと残したいと、それが使命のような気がした。

藤田柳吾氏、藤田銑一郎氏の親子が世界中で成し遂げた偉業を書き残すこと、日本の皆さまに知っていただくことができれば誠に幸甚であり、これに勝るものはなしと思っている。

多くの時間をインタビューにお付き合いいただいた、銑一郎氏と欣子氏に感謝の気持ちを込めて、「ありがとうございました！」

松平　みな

藤田銑一郎氏を悼む

２０２２年5月に最後の取材を終了し、執筆を続けて11月に完成させました。12月には出版社との校正に入りました。そして校正中の12月25日、突然銑一郎氏の訃報が届いたのです。余りに突然のことで心臓が跳ね上がるような驚きでした。悲しいです。

本書の完成を楽しみにしてくださっていただけに、無念でなりません。銑一郎氏のご冥福をお祈りします。ご家族の悲しみは如何ばかりかと、胸が痛みます。心より哀悼の意を表します。

２０２２年12月30日

松平　みな

参考にした資料

RAISING THE WAR
The Japanese Salvaage of Darwin's war wrecks
David Steinberg
Japanese salvage and divers and Allied shipwrecks in post-war Darwin

オーストラリア・ダーウィン港　沈船作業契約書
南洋貿易株式会社
藤田海事工業株式会社
昭和三十三年七月二十八日

昭和四十九年春の叙勲候補者上申書
　藤田柳吾
近畿海運局

昭和三十四年（一九五九）～昭和三十六年（一九六一）
鴨田康男氏のダーウィンの記録
　ダーウィンの記録・写真集

松山酸素株式会社の資料

著者略歴

松平　みな（まつだいら　みな）

オーストラリア在住。
著書に『地上50センチの世界』『天へ落馬して』『穣の一粒』『偶然の点の続き』『ひとすじの愛』

1987年4月　オーストラリアへ移住　教鞭を執る傍ら、ボランティア活動に没頭
1998年9月　「環太平洋協会」を設立し、理事長に就任
2003年5月　オーストラリア政府より CENTENARY MEDAL を授与
2008年7月　理事長を辞し生涯理事に就任、現在に至る
2017年1月　「穣の一粒」が第32回愛媛出版文化賞奨励賞を受賞

藤田サルベージ
日本の戦後復興・日豪親善に大貢献した藤田柳吾氏と家族

2023年1月23日　初版発行

著　者　松平　みな © Mina Matsudaira

発行人　森　　忠順

発行所　株式会社 セルバ出版
〒113-0034
東京都文京区湯島1丁目12番6号 高関ビル5B
☎ 03（5812）1178　　FAX 03（5812）1188
http://www.seluba.co.jp/

発　売　株式会社 三省堂書店／創英社
〒101-0051
東京都千代田区神田神保町1丁目1番地
☎ 03（3291）2295　　FAX 03（3292）7687

印刷・製本　株式会社丸井工文社

Printed in JAPAN
ISBN978-4-86367-794-4